ONE DAY, ONE DAY CLASS

그런 날이 있다.

손끝이

간 질 간 질   하 고
마음은
살 랑 살 랑   하 고

어디선가 기분 좋은 향기가 나는 것도 같고
햇살이 경쾌하게 통통거리는 것도 같고
어쩌면 비가 내릴 수도 있고
때로는 눈이 내리기도 하는

무언가에 열중하면서
한참을 꼼지락거리고 싶은

살랑살랑한
간질간질한

그런 날에
어 울 리 는   것 들

어떤 날에 원데이 클래스

최정화 지음

중앙 books
JoongAng Ilbo

손재주 없어도 핸드메이드

이 책을 쓰면서 잠시 접어놓았던 나의 옛 기억들을 슬그머니 꺼내어 보았다. 각 클래스에 수록될 아이템들을 하나하나 만들면서 곰곰 더듬어보니, 평범하게 지냈던 나의 어린 시절과 조각조각으로 남아있는 지난 기억들 속에는 늘 뭔가를 만드는 일상이 있었다.

생애 첫 수학여행 때 처음 했던 캠프파이어에 썼던 초와 그 초를 놓았던 조약돌, 처음 썼던 회수권과 처음 달았던 이름표 등등… 남들에겐 별것 아니지만 나에게는 나름 의미심장한 것들을 조금 기념이 될 수 있는 모양새로 남겨두고 싶은 마음에 살짝 살짝 변형을 가하곤 했는데, 아마 그것이 내 DIY 라이프의 시작이 아니었던가 싶다.

그냥 놔두면 쓰레기라 말할 수도 있는 것들도 조금 다른 옷을 갖춰 입게 해주면, 과장되지 않은 아름다움을 지닌 오브젝트가 된다. 손이 닿은 만큼, 시간과 애정이 들어간 만큼, 기성품은 흉내 낼 수 없는 그것만의 특별한 우아함이 우러나온다고 믿는다.

여러 클래스를 진행하다 보면 "해보고 싶긴 한데, 저는 손재주가 없어서요…"라고 말하는 사람들을 많이 만난다. 그럴 때마다 하는 이야기가 있다. 엉망진창이어도 괜찮으니 일단 시작해 보라고. 무언가에 온전히 집중하는 시간, 그 자체를 즐겨보라고.

부디 이 책이 주변의 소소한 것들을 새롭게 바라보고, 내 손으로 무언가를 만드는 일상의 즐거움과 의미를 깨우치고, 그래서 당신이 더 행복하고 사랑스러운 삶을 살아가는 데 작은 도움이 되었으면 좋겠다.

바쁜 아내에게 불평하지 않고 무심한 듯 편을 들어주는 남편과 내 삶의 시작이 되어주신 아버지, 하늘에서 기쁜 마음으로 보고 계실 어머니에게 감사의 말씀을 전하고 싶다.

2015년을 시작하며, 최정화

CONTENTS

CHAPTER 1
봄의 어떤 날에

여름의 어떤 날에

C H A P T E R 4

겨울의 어떤 날에

NOTICE

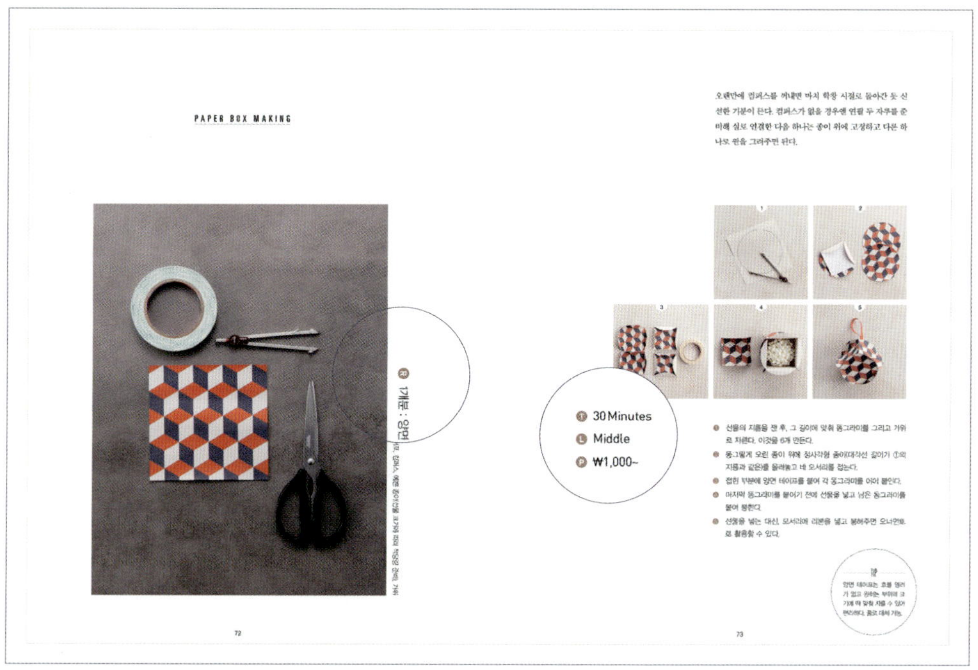

R READY

- 해당 클래스에 필요한 준비물을 표기한다.
- 분량이 정확히 표기되지 않은 것은 취향과 제작 상황에 따라 변동 가능하다.
- 사진은 이해를 돕기 위한 것으로 실제 준비물과 일치하지 않을 수 있다. 준비물 표기를 반드시 체크하도록 한다.
- 도구에 대한 설명은 p.256을 참고한다.

L LEVEL

- 클래스의 레벨을 3단계로 나누어 표기한다.
- Easy → Middle → Little High로 나뉜다.
- Easy는 누구나 할 수 있는 가장 쉬운 단계.
- 최고 단계인 Little High 역시 조금의 인내심만 있으면 어렵지 않게 할 수 있다.

T TIME

- 만들기에 걸리는 시간. 최소 5~10분 소요.
- 이 책은 최장 2~3시간 이내 만들 수 있는 아이템으로 구성되어 있다.

P PRICE

- 재료 준비에 드는 대략적인 비용을 표기한다.
- 구입처나 분량에 따라 실제 비용은 달라질 수 있다.

CHAPTER 1

봄의 어떤 날에

여자라면 누구나 꽃을 잘 다뤄보고 싶은 로망이 있다. "어떻게 하면 꽃을 잘 꽂나요?"라고 묻는다면, 정해진 답은 없다고 얘기해 주고 싶다. 물론 꽃의 모양이나 컬러를 세밀하게 맞춰 원하는 분위기와 테마를 연출할 수 있겠지만 너무 고민하지 않아도 괜찮다. 신기하게도 꽃은, 어떤 조합이라도 한 송이 한 송이의 존재감이 반짝이면서 드라마틱한 어울림과 균형을 보여 주니까.

SPRING DAY 1
봄의 플라워 클래스
TABLE CENTERPIECE | BOUQUET | BOUTONNIÈRE

막 꽂아도 참 예쁜
테이블 꽃 장식
TABLE CENTERPIECE

꽃을 잘 알든 모르든, 손재주가 있든 없든 누구라도 '그럴듯하게' 꽃을 연출할 수 있는 방법을 소개한다. 별다른 테크닉이 필요 없으니 부담은 작고, 실패 가능성도 거의 없고, 활용도와 만족도는 높은 꽃 장식 노하우다. 자, 자신감을 가지고 꽃에게 한 발짝.

® 1개분 : 좋아하는 꽃 2~3가지 적당량, 라운드 플로럴 폼 1개, 꽃가위

'플로럴 폼'을 이용하면 초보자도 쉽게 꽃꽂이를 할 수 있다. 플로럴 폼은 물을 머금을 수 있는 특수 재질의 스티로폼. 꽃꽂이 고수들이 쓰는 것처럼 보이지만 실은 초보자들에게 더 유용하다. 원하는 곳에 꽃을 고정시킬 수 있기 때문에 별다른 기술이 없어도 꽤 근사한 꽃 장식을 할 수 있다.

T 30 Minutes

L Easy

P ₩20,000~30,000

① 꽃을 다듬기 전에 우선 플로럴 폼을 물에 담가 물을 흠뻑 흡수시킨다.

② 메인이라 생각하는 꽃을 가지가 3cm 정도 되게 자른 후 플로럴 폼에 3~4부분으로 나누어 꽂는다.

③ 나머지 꽃들도 가지가 3cm 정도 되게 자른 후 듬성듬성 남은 공간에 꽂아준다.

④ 여백 없이 촘촘히 공간을 채워준 후 화기나 스탠드형 접시에 올려 테이블 위에 놓는다.

TIP
테이블에 놓고 가운데에 초를 놓아두면 또 다른 분위기가 된다. 벽에 걸면 리스로도 활용할 수 있다.

도로록 돌려 만드는
부케
BOUQUET

나는 주변 사람 여럿을 결혼에 성공시켰다. 얼마 전, 내가 맺어준 일곱 번째 커플이 결혼에 성공했을 때 신부에게 부케를 만들어 선물했다. 한 손으론 아버지의 손을 잡고 다른 손으론 내가 만들어 준 부케를 들고, 긴 버진 로드를 따라 행진하는 그녀의 모습은 어떤 형용사로도 표현이 안 될 만큼 고귀하고 아름다웠다. 주는 사람에게도 받는 사람에게도 특별한 이런 선물, 언젠가 한번쯤 만들어 보면 어떨까. 하나도 어렵지 않다. 아주 조금의 용기만 있으면 된다.

Ⓡ 준비물 : 좋아하는 꽃 2~3가지 적당량, 노끈과 리본 약간씩, 꽃가위

직접 해보면 너무 쉬워서 깜짝 놀라게 되는 핸드타이드 부케. 꽃을 한쪽 방향으로 살살살 돌리면서 한 송이씩 모아주는 것이 포인트다. 이렇게 하면 자연스럽게 꽃이 섞이면서 부케 모양이 만들어진다. 처음 해보거나 연습을 할 때는 줄기가 단단한 장미를 선택하자.

T 20 Minutes

L Middle

P ₩20,000~40,000

❶ 꽃들의 가지를 20cm 정도 길이로 자른다.

❷ 꽃을 하나씩 한쪽 방향으로 살살 돌리면서 합쳐준다.

❸ 한 손에 줄기가 적당히 차는 볼륨이 되면 노끈으로 묶어준다.

❹ 줄기 아래쪽이 일직선이 되게 잘라준다.

❺ 손이 닿는 부분은 리본으로 감아 예쁘게 묶는다. 진주핀으로 고정해주면 더욱 좋다.

──── TIP ────

당일에 사용할 꽃은 절반 정도 핀 것을, 3일 이내에 사용할 꽃은 1/3 정도 핀 것을 구입한다.

자투리 꽃을 이용하는
부토니에
BOUTONNIÈRE

부토니에는 부케의 작은 버전이라 할 수 있다. 어버이날, 스승의 날에 흔하디 흔한 카네이션 대신 부토니에를 선물해보는 게 어떨까. 꽃꽂이 하고 남은 자투리 꽃 2~3줄기만 있으면 근사한 부토니에를 완성할 수 있다. 옷에 달았을 때 처지지 않도록 꽃을 소량만 사용하는 것이 포인트다.

T 10 Minutes

L Easy

P ₩5,000~10,000

① 메인 꽃을 하나 정하고, 그 주변으로 메인 꽃보다 작거나 색이 옅은 꽃을 1~2줄기 더해 모아준다. 옷에 닿을 쪽이 평평하게 되도록 꽃을 놓는다.

② 리본으로 줄기를 감아 묶고 진주핀으로 고정한다.

③ 줄기 끝을 일직선으로 잘라준다. 상의 주머니에 꽂거나 옷핀으로 달아준다.

R 1개분 : 자투리 꽃 2~3가지, 리본과 진주핀 약간씩, 꽃가위

한 나절을 투자해 종이인형을 가득 잘라놓고, 옷도 갈아입히고 모자도 씌워주고 하면서 뿌듯해 했던 어린 시절이 누구나 있을 것이다. 학창 시절에는 색종이로 학이며 거북알이며 참 여러 가지를 만들었던 것 같다. 종이를 자르고 접으며 만지작거리는 일. 참 소소하고 평범한 일인데, 묘한 즐거움이 있다. 머릿속이 복잡할 땐 희한하게 힐링이 된다. 종이 한 장 한 장이 전하는 촉감과 감성, 그 기분 좋은 사각거림을 느껴보자.

페이퍼 클래스

POMPOM | WHITE GARLAND | PAPERCUP LIGHTING | FLOWER LETTER BOX

동글동글 사랑스러운
폼폼
POMPOM

요즘 집집마다 폼폼이 인기다. 폼폼을 달아두면 밋밋하고 심심해 보이
던 공간이 순식간에 화려하고 경쾌한 느낌으로 변신한다. 아이들을 위
한 파티 장식은 물론이고 어른스럽고 우아한 인테리어 소품으로도 더
할 나위 없이 좋은 폼폼. 하지만 무엇보다 매력적인 것은 만들기가 너
무나 쉽다는 것. 바스락거리고 싶은 날엔 폼폼 한두 개씩 뚝딱하기.

R 1개분 : 습자지 혹은 유산지 10장, 철사 30cm, 가위

폼폼을 파티 데코용으로 연출할 경우 양쪽으로 2개씩, 혹은 3개씩 동일한 개수를 달아 주어도 좋지만 3개씩, 2개씩 혹은 1개씩, 3개씩 이런 식으로 크기와 개수를 다르게 달면 훨씬 멋스럽고 시각적인 재미를 줄 수 있다.

T 15 Minutes
L Easy
P ₩2,000~3,000

❶ 습자지 10장을 놓고 너비 4cm 정도로 앞뒤로 겹쳐가며 접어준다(아코디언 같은 모양으로).
❷ 기다랗게 접힌 종이를 반으로 접고 중심을 철사로 묶어 고정한다.
❸ 종이의 양쪽 끝을 가위로 뾰족하게(혹은 동그랗게) 잘라준다.
❹ 종이 끝을 한 장씩 떼어 펴주고 동그란 모양으로 다듬은 후 원하는 곳에 매달아준다.

커피 여과지의 우아한 변신
화이트 갈란드
WHITE GARLAND

실수로 대용량 커피 여과지를 구입한 바람에 커피머신에 여과지를 넣을 때마다 위쪽을 7~8cm씩 잘라줘야 했다. 자투리 종이가 버리기 아까워서 차곡차곡 모아두었는데, 어느 날 바느질로 레이스 처럼 만들어 연결해 보니 우아하고 로맨틱한 갈란드가 탄생했다. 아, 이럴 때의 보람이란.

T 1 Hour

L Middle

P ₩2,000~3,000

① 커피 여과지를 1/4로(깔때기 모양으로) 접은 후 안쪽의 뾰족한 부분을 자른다.

② 안쪽 선을 따라 바느질(홈질)을 해준다.

③ 마지막에 실을 죽 당긴 후 매듭을 짓는다. 여러 개 만든 후 중심에 노끈이나 리본을 넣고 연결해 원하는 곳에 장식한다.

R 1개분 : 대용량 커피 여과지 적당량, 실, 바늘, 가위, 노끈이나 리본

깊은 밤 여자의 방에 반짝이는
페이퍼컵 라이팅
PAPERCUP LIGHTING

페트병에 베이킹용 페이퍼컵을 가득 붙이고 그 안에 트리용 조명을 넣어주면 클래식한 느낌의 조명이 완성된다. 촘촘히 붙이든, 느슨히 붙이든, 각각의 느낌대로 매력적인 물결이 만들어지며 따스한 빛이 종이로 투과된다. 빛이 달라지면 공간의 느낌 또한 달라진다. 그것이 라이팅이 주는 묘미다.

T 40 Minutes

L Middle

P ₩10,000~20,000

① 글루건을 이용해 빈 페트병에 페이퍼컵을 붙인다. 빼곡하게 붙이면 풍성한 느낌을, 살짝 듬성하게 붙이면 슬림한 느낌을 연출할 수 있다.

② 페이퍼컵을 다 붙였으면 병 입구를 통해 안쪽에 트리용 조명을 넣는다.

③ 페트병의 입구가 아래로 오도록 놓고 조명의 전원을 연결한다.

R 1개분 : 빈 페트병(2ℓ), 베이킹용 페이퍼컵(작은 사이즈) 적당량, 트리용 조명(LED 라이트), 글루건

꽃과 종이로 쓰는 편지
플라워 레터박스
FLOWER LETTER BOX

긴 말, 긴 글에 자신이 없는 나는 가끔 레터박스를 만들어 소중한 사람들에게 선물한다. 원하는 글자나 그림, 이를테면 "I love you"라든가 하트, 혹은 상대방의 이니셜 모양으로 종이상자를 만들어 꽃을 가득 채워 건넨다. 누구라도 웃게 만드는 참 사랑스러운 꽃편지다. 조금 시간이 들어가고 조금 정성이 들어가고 조금 인내심만 들어가면 누구나 완성할 수 있는, 초등학교 공작 시간 레벨 정도라 생각하면 된다. 살짝 찌그러지고 아귀가 좀 안 맞는다고 해도 그 자체로 사랑스러운 느낌이 있으니 타고난 손재주가 없어도 얼마든지 도전해볼 수 있다.

Ⓡ 글자 1개분 : 마분지와 두꺼운 은박종이 1장씩, 양면 테이프, 자, 커터칼, 연필, 플로럴 폼과 꽃, 비닐 적당량

플라워 레터박스는 만드는 방법 자체는 어렵지 않지만, 글자를 하나 하나 자르고 접고 붙여가며 만들어야 하니 시간은 꽤 걸리는 편이다. 한글보다는 영문이 만들기 쉽고, 가능하면 간단한 문구를 선택하는 것이 포인트.

T 1~2 Hours
L Little High
P 문구류 ₩1,000~5,000
　　꽃 ₩10,000~50,000

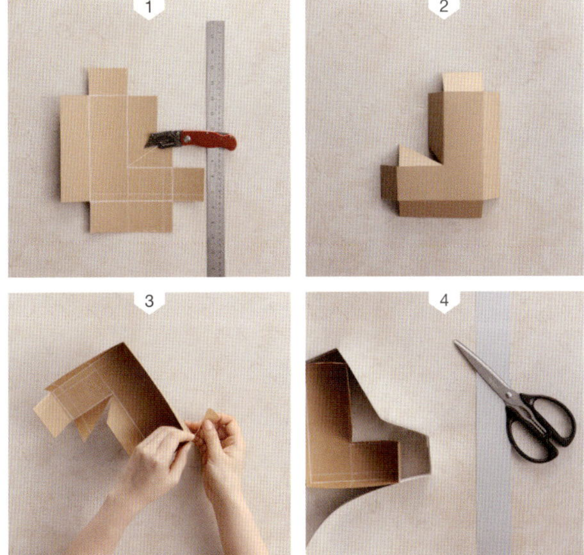

❶ 마분지에 원하는 글자나 그림을 그린 후 1~2cm 정도 여분을 남기고 모양대로 잘라낸다. 이때 모서리가 있는 부분은 접기 편하도록 사선으로 칼집을 낸다.

❷ 테두리를 모두 반듯하게 접어준다.

❸ 양면 테이프를 둘러 바깥 면을 이어 붙인다.

❹ 원하는 글자 모양이 완성되었으면, 은박종이를 5~6cm 너비로 길게 자른 후 글자 둘레에 붙여 벽을 만들어준다.

❺ ④에서 만든 레터박스 안에 비닐을 깔고, 물에 적셔둔 플로럴 폼을 글자 모양대로 잘라 넣는다.

❻ 플로럴 폼에 준비한 꽃을 적당히 꽂아주면 끝!

━━ TIP ━━
원하는 글자나 그림을 프린트로 뽑아 마분지에 붙인 후 잘라주면 더 반듯한 모양을 만들 수 있다.

예부터 달걀은 풍요와 다산을 상징한다고 한다. 겉으로는 보이지 않지만, 딱딱한 껍질 안에 생명이 깃들어 있기 때문이다. 기독교에서는 돌무덤을 깨고 나온 그리스도의 부활을 기념해 달걀을 선물하기도 한다. 꼭 기독교 신자가 아니더라도, 자신을 둘러싼 벽을 깨고 새로운 세계로 나아갈 준비를 하는 누군가가 곁에 있다면 달걀을 예쁘게 꾸며 선물해보는 건 어떨까.

부활절 달걀 클래스

COLORING EGG | GLITTERING EGG | NAPKIN ART EGG

식용 색소로 물들이는
컬러링 에그
COLORING EGG

식용 색소를 이용해 달걀에 곱디 곱게 물을 들여보자. 이때 포인트는 하얀 달걀을 이용하는 것. 우리가 일반적으로 먹는 노란 껍질의 달걀은 제대로 염색이 되지 않는다. 식용 색소를 이용하기 때문에 달걀은 까서 먹어도 문제 없다. 하지만 이렇게 예쁜 달걀을 차마 먹을 수 있으려나.

T 20 Minutes

L Easy

P ₩4,000~6,000
(15개 기준)

1 비커에 따뜻한 물을 200㎖ 붓고 식초 1스푼, 식용 색소를 20방울 떨어뜨린 후 잘 섞는다.

2 비커에 삶은 달걀을 넣는다. 연한 색은 1~3분 후, 진한 색은 10분 후 꺼낸다.

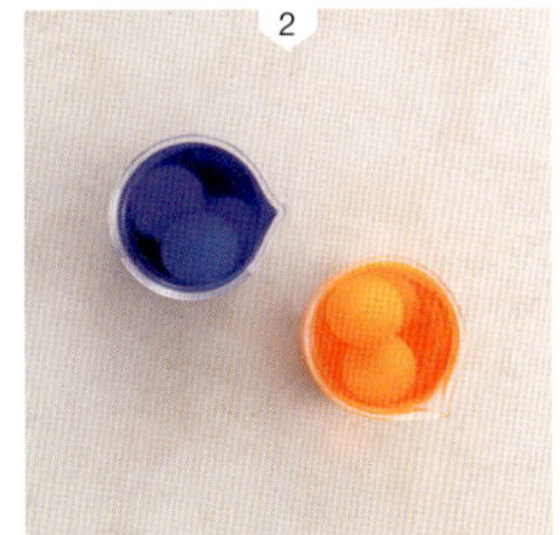

R 1회분 : 하얀색 삶은 달걀 원하는 만큼, 비커, 스포이드, 식초, 식용 색소 적당량

반짝반짝 보석 같은
글리터링 에그
GLITTERING EGG

달걀에 반짝이 가루를 뿌려주면 마치 보석을 선물하는 것 같은 느낌이 든다. 하얀색 삶은 달걀을 써도 되지만, 곱게 물을 들여 놓은 컬러링 에그를 이용하면 더욱 예쁜 글리터링 에그를 만들 수 있다. 안 쓰는 반짝이 매니큐어를 활용해도 좋다.

T 10~20 Minutes
L Easy
P ₩5,000~10,000

① 하얀색 삶은 달걀이나 컬러링 에그에 붓으로 마드파지를 바른 후 반짝이 가루를 고루 뿌린다. 하트 모양으로 그림을 그려도 좋다.

② 다른 달걀에 반짝이 매니큐어를 바른다.

TIP
마드파지는 일종의 종이 전용 풀이다. 마드파지가 없다면 물풀, 목공용 풀을 써도 좋다.

R 1회분 : 하얀색 삶은 달걀 원하는 만큼, 반짝이 매니큐어, 반짝이 가루, 마드파지, 붓

그림 못 그려도 괜찮아
냅킨 아트 에그
NAPKIN ART EGG

냅킨 아트란 그림이 프린트된 냅킨을 잘라 각종 소품에 붙이는 공예를 말한다. 이 방법을 활용해 달걀을 꾸며줘도 무척 예쁘다. 냅킨에 이미 그려져 있는 그림을 이용하는 것이기 때문에, 그림을 잘 그리지 못하는 사람도 손쉽게 할 수 있다. 큰 그림이 그려진 냅킨은 그림 모양을 그대로 살려 붙여주고, 자잘한 무늬가 있는 냅킨은 잘게 잘라 촘촘하게 붙여주면 된다. 요즘엔 마트나 인테리어 숍에 다채로운 무늬의 냅킨이 구비돼 있으니 원하는 대로 골라 나만의 이색적인 달걀을 만들어볼 수 있다.

ⓡ 1회분 : 하얀색 삶은 달걀 원하는 만큼, 무늬가 예쁜 냅킨 작업랩, 가위, 미드파지, 매트바니시, 붓

이 외에도 달걀을 꾸미는 방법은 무궁무진하다. 스티커를
붙여 내 맘대로 장식해도 좋고, 크레파스로 이름을 쓰거나
그림을 그려도 좋다. 달걀 껍질에 목공용 풀을 바른 후 예쁜
컬러의 자수실로 촘촘하게 감아줘도 이색적이고 멋스럽다.

- **T** 20 Minutes
- **L** Middle
- **P** ₩5,000~10,000

❶ 원하는 무늬가 있는 냅킨을 준비해 얇게 한 장씩 떼어낸다.
❷ 냅킨을 작게 잘라준다. 큰 그림이 있는 경우 그림을 살려 자른다.
❸ 삶은 달걀에 붓으로 마드파지를 바르고 잘라둔 냅킨을 다닥다
닥 붙인다. 냅킨이 들뜨지 않도록 손으로 꼭꼭 눌러 붙이는 게
중요하다.
❹ 매트바니시를 발라 마무리한다.

— TIP —
매트바니시는 코팅제 역할
을 하며 색이 더욱 선명하
게 보이도록 하는 효과가
있다.

선물은 마음이다. 아무리 작은 선물이라고 해도, 주는 사람이 받을 사람을 단 1초
라도 생각했던, 그 따스하고 사랑스러운 순간이 그 안에 담겨 있다. 포장은 마음
에 마음을 더하는 일이다. 1초 더, 2초 더⋯ 그 사람을 생각하는 시간을 조금 더
늘리는 애틋한 작업이다. 말로는 전하기 힘든 수많은 의미들이 자그마한 통에 담
겨, 바스락거리는 종이에 싸여 그 사람에게 전달된다.

SPRING DAY 4
포장 클래스
COOKIE PACKAGING | BOTTLE PACKAGING | PAPER BOX MAKING

THANK YOU
THANK YOU
THANK YOU

무심한 듯 시크하게

유산지로 과자 포장하기

COOKIE PACKAGING

모처럼 시간이 여유로워 과자를 조금 구웠는데, 지인들에게 나눠주고 싶어도 마땅히 담을 데가 없어 난감할 때가 있다. 그렇다고 비닐백에 툭 담아주는 건 또 영 내키지 않을 때, 유산지를 활용해보자. 고급스러운 느낌을 주는 금색 실과 라벨기만 있으면 무심한 듯 시크한 과자 선물 완성!

- ⊤ 10 Minutes
- ⓛ Easy
- ⓟ ₩4,000~5,000

① 유산지 중간에 과자를 잘 놓고, 양 옆을 접은 후 아래위를 접어 올려 포갠다.

② 유산지가 풀리지 않도록 금실로 말아준다. 양면 테이프를 이용해도 좋다.

③ 라벨기 테이프에 원하는 문구를 쓴 후 실 위에 붙여 마무리한다. 자투리 꽃으로 장식해주면 더욱 좋다.

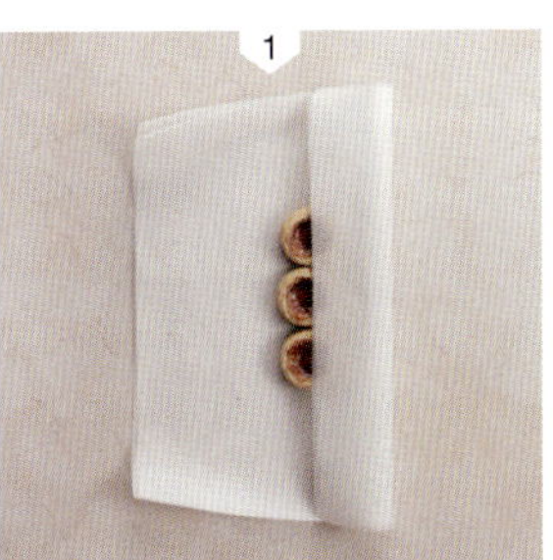

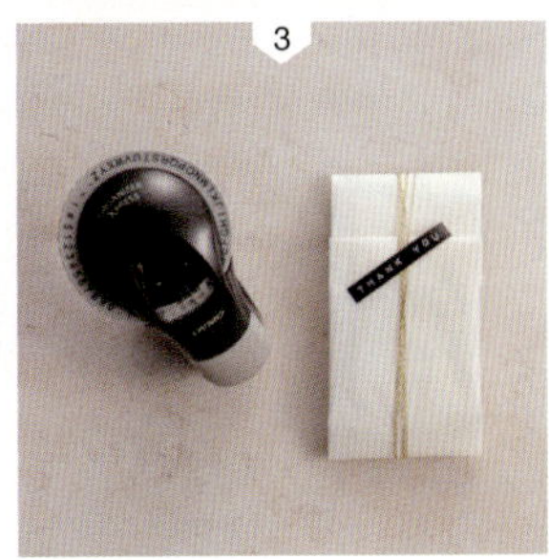

ⓡ 1회분 : 유산지 적당량, 금색 실, 가위, 라벨기

Honey Orange Tea
2012. 09. 10

간단하지만 정성이 느껴지는
병 포장하기
BOTTLE PACKAGING

식재료가 제철일 때 잼이나 피클, 발효액 같은 것을 잔뜩 만들어두었다가 지인들에게 선물하는 재미도 쏠쏠하다. 그냥 유리병에 담아 건네는 것도 물론 좋지만, 포장에 약간만 신경을 더 써주면 훨씬 정성이 들어가 보이는 선물을 할 수 있다.

T 10 Minutes
L Easy
P ₩1,000~5,000

1 유산지나 예쁜 천을 적당히 잘라 병 윗부분을 감싼다.

2 노끈이나 리본으로 묶어주고 라벨기로 원하는 문구를 써 붙이거나 네임태그를 달아준다.

R 준비물 : 가위, 예쁜 천이나 유산지, 노끈, 리본, 병, 라벨기 혹은 네임태그

69

언니의 공작 시간
박스 없이 박스 만들기
PAPER BOX MAKING

'박스 없이 박스 만들기'는 살짝 수학적인 사고를 요하는 공작 클래스다. 물론 하나도 어렵지 않으니 '수학'이란 단어가 나왔다고 겁 먹지 말길. 동그란 종이 6장을 붙여 정육면체를 만드는 것인데, 케이스가 없는 선물을 준비했을 때 박스 대용으로 이용할 수 있다. 종이의 무늬나 질감에 따라 분위기도 천차만별로 달라지고 크기도 자유롭게 바꿀 수 있어 만들 때마다 늘 느낌이 달라진다. 끈을 달아주면 이색적인 오너먼트로도 활용할 수 있다.

ⓡ 1개분 : 양면 테이프, 컴퍼스, 예쁜 종이(선물 크기에 따라 적당량 준비), 가위

오랜만에 컴퍼스를 꺼내면 마치 학창 시절로 돌아간 듯 신
선한 기분이 든다. 컴퍼스가 없을 경우엔 연필 두 자루를 준
비해 실로 연결한 다음 하나는 종이 위에 고정하고 다른 하
나로 원을 그려주면 된다.

ⓣ 30 Minutes

ⓛ Middle

ⓟ ₩1,000~

❶ 선물의 지름을 잰 후, 그 길이에 맞춰 동그라미를 그리고 가위
로 자른다. 이것을 6개 만든다.

❷ 동그랗게 오린 종이 위에 정사각형 종이(대각선 길이가 ①의
지름과 같은)를 올려놓고 네 모서리를 접는다.

❸ 접힌 부분에 양면 테이프를 붙여 각 동그라미를 이어 붙인다.

❹ 마지막 동그라미를 붙이기 전에 선물을 넣고 남은 동그라미를
붙여 봉한다.

❺ 선물을 넣는 대신, 모서리에 리본을 넣고 봉해주면 오너먼트
로 활용할 수 있다.

액세서리 클래스

FLOWER CORSAGE & CHOKER | RIBBON CORSAGE & HAIR BAND

언제부터인가 핸드메이드 액세서리가 많이 나오기 시작했다. 핸드메이드 액세서리의 매력은 잘 만들면 잘 만든 대로, 못 만들면 못 만든 대로 나름의 멋이 있다는 것이다. 어린아이가 유치원에서 처음 만들어 엄마에게 갖다 주는 꼬깃꼬깃한 카네이션처럼 애틋하면서도 유머러스하다.
핸드메이드 액세서리는 도구나 재료에 있어서 기성품보다는 퀄리티가 약간 떨어질 수 있으니, 너무 화려하게 만들려고 욕심 내지 않는 것이 좋다. 리본이라든가, 꽃이라든가 메인이 되는 것 딱 하나만 돋보이도록 하는 것이 키포인트다.

때로는 청순하게 때로는 우아하게
꽃 코르사주 & 초커
FLOWER CORSAGE & CHOKER

하얀 펠트로 꽃을 만들어 옷핀을 달아주면 귀여우면서도 청순한 꽃 코르사주가 뚝딱 완성된다. 또한 실크 재질의 조화(가짜 꽃)에 옷핀을 달아주면 고급스러우면서도 여성스러움이 물씬 풍기는 코르사주를 만들 수 있다. 옷핀 대신 기다란 리본을 달아주면 목에 감는 초커로도 활용할 수 있다. 핸드메이드 액세서리의 장점은 약간만 포인트를 달리해도 무한변신이 가능하다는 것이다. 원하는 대로 연출해보자.

Ⓡ 3~4개분(액세서리 공통 재료) : 리본과 서튼 적당량, 글루건, 인조 진주, 흰색 펠트, 실크 조화, 철제 머리띠, 옷핀, 실과 바늘, 가위, 철사

꽃에 옷핀을 달아주면 코르사주가 되지만, 긴 리본에 연결
하면 초커 혹은 손목 밴드로 활용할 수 있다. 리본을 두상의
길이에 맞추어 길게 자르고 꽃으로 장식하거나 철제 머리
띠에 꽃을 붙이면 화려한 헤어밴드가 완성된다.

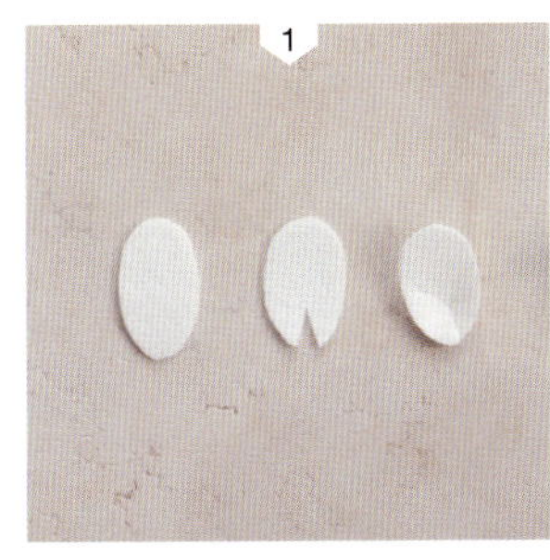

❶ 펠트를 타원형으로 적당히 자른 후 끝을 조금 잘라주고, 글루
건으로 양끝을 붙여 꽃잎을 만든다.

❷ 다시 펠트를 원 모양으로 자르고 ①의 꽃잎을 여러 개 만들어
글루건으로 가장자리에 붙인다.

❸ ②의 꽃을 다양한 크기로 만든 다음 글루건으로 겹쳐 붙인다.

❹ 글루건을 이용해 인조 진주를 꽃술 부분에 붙이고, 뒷면에 옷
핀을 달아주면 꽃 코르사주가 완성된다.

❺ 실크 조화를 준비해 뒷면에 글루건으로 옷핀을 달아주어도 금
세 코르사주가 완성된다.

❻ 글루건을 이용해 꽃에 긴 리본을 달아주면 초커가 된다. 시폰
이나 깃털로 장식해주면 더욱 화려한 느낌을 연출할 수 있다.

샤방샤방 여성스러운
리본 코르사주 & 헤어 밴드
RIBBON CORSAGE & HAIR BAND

이번에는 리본과 시폰을 이용해 코르사주와 헤어 밴드를 만들어보자. 꽃으로 만드는 것과는 또 다른 느낌의 여성스러움과 우아함을 느낄 수 있다. 시폰과 리본은 적당히 탁탁 접어만 주어도 재료 특유의 부드러운 곡선이 만들어지기 때문에 별다른 기술이 없어도 예쁜 결과물을 만들 수 있다.

- **T** 20~30 Minutes
- **L** Middle
- **P** ₩2,000~20,000
- **R** P.78

1. 시폰을 적당히 잘라 자연스럽게 겹쳐준다.
2. 시폰의 중심을 실이나 철사로 묶어준다.
3. 펠트를 직사각형으로 자른 후 리본으로 2~3번 감고 펠트를 빼낸다.
4. 리본의 중심을 실이나 철사로 묶어준다.
5. 글루건을 이용해 ②에 ④를 붙인 후 인조 진주를 달아 장식한다.
6. 뒷면에 옷핀을 달거나 철제 머리띠 혹은 긴 리본과 연결한다.

CHAPTER 2

여름의 어떤 날에

여름의 플라워 클래스

GREEN TERRARIUM | MINI EGGSHELL POT | ALUMINIUM NAME TAG

집 안에 실내 정원이라도 있다면 모를까, 바쁜 일상을 살며 초록을 항시 곁에 두기란 쉬운 일이 아니다. 그럴 때 떠올려 주면 좋은 것이 있으니, 바로 다육식물이다. 꽃병의 물 갈아주는 것도 부담스럽고, 화초 키우는 일은 더더욱 엄두를 못 내는 귀차니스트들도 한 번쯤 도전해볼 만한 아이템이다. 조금만 센스를 발휘하면 초록의 싱그러움을 1년 내내 만끽할 수 있는 나만의 작고 심플한 정원을 만들 수 있다.

나만의 초록빛 미니 정원
그린 테라리엄
GREEN TERRARIUM

테라리엄이란 자그마한 유리볼을 말한다. 유리볼 안에 다육식물을 넣고 이끼와 흙, 돌멩이 등으로 적당히 꾸며 주면 눈 깜짝 할 새에 고급스러운 미니 정원이 탄생한다. 실내 어디든 갖다 놓아도 좋다. 테라리엄을 이용해 멋스러운 공간 연출을 해보도록 하자.

- **T** 20 Minutes
- **L** Easy
- **P** ₩1,000~20,000

1 테라리엄 판에 흙을 깔고 다육식물을 올린 후 돌과 이끼를 올려 장식한다.

2 테라리엄의 유리 뚜껑을 닫고 원하는 위치에 둔다.

TIP
가끔씩 유리 뚜껑을 열어 환기를 시켜줘야 한다. 꽃을 테라리엄에 넣고 장식해도 이색적이다.

R 1개분 : 선인장 및 다육식물 적당량, 흙, 이끼, 돌, 테라리엄

달걀 껍질을 이용한
다육이 미니 화분
MINI EGGSHELL POT

달걀 껍질을 이용해 화분을 만들면 유머러스하면서 아기자기한 느낌을 잘 살린 미니 화분을 만들 수 있다. 다육식물은 물을 많이 주지 않아도 되기 때문에 따로 물빠짐 구멍을 만들지 않아도 되지만, 그래도 왠지 걱정된다면 달걀 껍질에 바늘을 대고 망치로 살짝 두드려 구멍을 내어주자.

T 15 Minutes

L Easy

P ₩1,000~2,000

❶ 달걀 껍질을 씻은 후 잘 말리고 다육식물을 옮겨 심는다.

❷ 다육식물을 올린 달걀 껍질을 달걀판 위에 올려 놓는다.

❸ 자연스러움을 위해 이끼를 위에 얹어도 좋다.

R 4~5개분 : 원하는 다육식물 적당량, 달걀 껍질, 달걀판

TIP
요리하고 남은 달걀 껍질과 달걀판을 버리지 말고 모아두었다가 활용해보자.

Muehlenbeckia
axillaris

너의 이름을 불러줄게
알루미늄 이름표
ALUMINIUM NAME TAG

어떤 대상에게 이름을 붙여주면 그것과 나 사이에 특별한 애착 관계가 형성되는 것 같다. 집 안 곳 곳에 놓인 화분들에게 이름표를 붙여주자. 나만의 작명 센스를 발휘해보면 더욱 좋겠다. 알루미늄 테이프를 이용하면 아주 간단하면서도 센스 있게 이름표를 만들 수 있고 데코 효과도 낼 수 있다.

T 10 Minutes
L Easy
P ₩2,000~2,500

❶ 알루미늄 테이프를 원하는 이름표 길이의 2배 정도로 잘라준다.

❷ 잘라낸 알루미늄 테이프 중간에 막대기를 놓고 양면을 붙여주면 깃발 모양의 알루미늄 판이 만들어진다.

❸ ②의 알루미늄 판에 바늘귀 혹은 뾰족한 것으로 꾹꾹 눌러 이름을 쓰고 화분 에 꽂아준다.

R 1~개분 : 알루미늄 테이프, 긴 막대기, 바늘

___ TIP ___
홈파티를 할 때 음식 이름 을 써서 음식에 꽂아주면 멋스러운 테이블 데코가 된다.

누구나 좋아하는 향기가 있다. 누구에게나 고유의 향기가 있다. 때때로 향기는 기억의 저장고가 되기도 하고, 상처를 치유하는 연고가 되기도 한다. 아, 그 사람에게선 아기 냄새가 났었지… 엄마한테선 항상 그런 향기가 났었지… 그날 그곳에선 이런 향기가 났었지… 나는 이런 저런 향을 섞으면서 잠깐 스친 인연을 떠올리기도 하고, 잊고 있던 수많은 기억의 조각들을 퍼즐처럼 맞추기도 한다. 지금 당신의 마음을 대변할 향은 어떤 것일까?

아로마 클래스

BATH BOMB | BATH SALT | NATURAL SOAP | PLASTER DIFFUSER | DIFFUSER

향긋한 천연 입욕제

바스붐

BATH BOMB

오늘 하루, 수고했던 자신에게 주는 상으로 바스 타임을 준비해보자. 욕조에 따뜻한 물을 가득 붓고 미리 만들어두었던 바스붐 하나 톡. 수증기를 타고 잔잔히 올라오는 꽃향기가 지친 마음을 위로해주고 따뜻한 물은 피로한 몸을 이완시켜 상쾌한 다음 날을 약속해줄 것이다.

T 5 Minutes
L Easy
P ₩5,000~30,000

① 큰 볼 안에 중조, 전분, 구연산을 분량대로 넣고 섞는다.
② 물, 에센셜 오일, 글리세린을 조금씩 넣으며 손으로 반죽한다.
③ 적당히 반죽이 되면 바스붐 성형틀(반구형)에 재료를 소복이 올린다.
④ 반죽을 올린 성형틀 2개를 합쳐 힘껏 눌러준다.

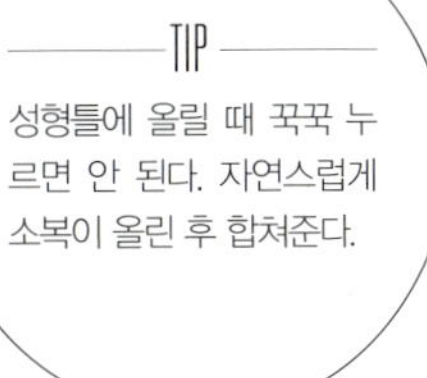

TIP
성형틀에 올릴 때 꾹꾹 누르면 안 된다. 자연스럽게 소복이 올린 후 합쳐준다.

R 1개분 : 물 20g, 원하는 향의 에센셜 오일 5g, 글리세린 15g, 중조 100g, 전분 200g, 구연산 200g, 바스붐 성형틀, 큰 볼

혈액순환을 도와주는

바스솔트

BATH SALT

바스솔트는 소금으로 만드는 입욕제다. 바스붐처럼 욕조에 푼 후 반신욕을 즐기면 되는데, 소금의 삼투압 현상과 미네랄로 인해 혈액순환과 노폐물 배출, 피부 미용에 도움이 된다. 스크럽으로도 활용할 수 있지만 알갱이가 다소 굵은 편이니 얼굴은 피하고 몸을 문지르는 용도로만 사용한다.

T 5 Minutes

L Easy

P ₩5,000~30,000

1 엡솜솔트 100g에 에센셜 오일을 8~10방울 넣는다.

2 잘 저어 병에 넣어둔다.

R 1 병분 : 엡솜솔트 100g, 주걱, 원하는 향의 에센셜 오일, 병, 스포이드

지인들에게 선물하기 좋은
천연 비누
NATURAL SOAP

자신이 좋아하는 향을 섞어 나만의 스페셜한 천연 비누를 만들어보자. 비누는 지인들에게 선물하기에도 좋아 자주 만들게 되는 아이템이다. 방부제가 들어가지 않아 안심이고, 향뿐만 아니라 모양도 마음대로 할 수 있어 만드는 재미와 즐거움이 있다.

T 50 Minutes
(굳히는 시간 하루)

L Middle

P ₩10,000~30,000

① 글리세린을 깍둑썰기로 잘라 중탕볼에 넣고 중탕한다. 글리세린이 적당히 녹으면 불에서 내린다.

② 중탕볼의 온도가 45~50℃ 정도로 내려가면 에센셜 오일을 200㎖당 4~5방울 정도 넣어 섞는다.

③ 식용 색소를 조금 섞고 비누틀에 부어준다. 로즈메리 등 말린 허브나 꽃잎이 있다면 넣어주어도 좋다.

④ 에탄올을 분무기에 넣고 비누 위에 3~4회 뿌려준 후 하루 정도 굳힌다. 에탄올을 뿌리면 기포가 생기지 않아 표면이 깨끗하게 굳는다.

R 4~5개분 : 글리세린 200g, 원하는 모양의 비누틀, 스포이드, 에탄올(분무기로 3~4회 뿌릴 정도), 중탕볼, 에센셜 오일 4~5g, 식용 색소

반해버릴 듯 고급스러운

석고 방향제

PLASTER DIFFUSER

석고로 원하는 모양을 만든 후 향을 입히는 석고 방향제. 고체 타입이기 때문에 여타 방향용품처럼 액체가 흐르거나 병이 깨지는 걱정이 없고, 장소를 구분하지 않고 어디든 놓아 둘 수 있다. 그 자체로 우아한 느낌이 있기 때문에 그냥 비닐에 돌돌 말아 건네도 꽤 품격 있는 선물이 된다.

T 10~20 Minutes

L Middle

P ₩5,000~15,000

① 물, 에센셜 오일, 올리브 리퀴드를 넣은 볼에 석고를 체쳐 넣는다.

② ①을 재빨리 개어 준비한 모양 틀에 넣는다.

③ 이쑤시개나 바늘 등 뾰족한 것으로 석고 틀의 테두리를 살짝 그어 공기를 위로 빼준다.

④ 열이 식으면(석고가 굳는 과정에서 열이 발생한다) 틀에서 빼낸다.

TIP

석고를 물에 개는 속도가 너무 느리면 틀에 넣기도 전에 석고가 굳어 버릴 수 있으니 주의한다.

R 2~3개분 : 천연 석고 750g, 물 370g, 에센셜 오일 9g, 올리브 리퀴드 3g, 원하는 모양 틀, 체, 믹싱볼, 이쑤시개

우리 집의 시그니처 향기

디퓨저

DIFFUSER

디퓨저는 방향액을 흡수할 수 있는 나무나 석고 등을 액체에 꽂아 향기가 천천히 날아가도록 만든 방향제다. 디퓨저를 만드는 방법은 정말이지 무척 간단해서 한번 만들어보면 고가의 디퓨저는 다시는 못 사게 될지도 모른다. 마음대로 조향해서 우리 집만의 시그니처 향기를 만들어보자.

- ⏱ 10 Minutes
- 📊 Easy
- 💰 ₩5,000~30,000

1. 디퓨저 베이스, 에센셜 오일, 에탄올을 6 : 3 : 1의 비율로 섞는다.
2. 원하는 병에 옮겨 담는다.
3. 병에 우드 스틱을 꽂는다.

R 1병분 : 디퓨저 베이스 60㎖, 원하는 에센셜 오일 30㎖, 에탄올 10㎖, 병, 우드 스틱 2~3개

자수 클래스

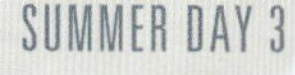

MODERN SIMPLE STYLE | CORNER INITIAL | TEA MAT DECO

수예의 대표주자라 할 수 있는 자수는 정말 할수록 매력
적이다. 실의 색깔이나 소재, 바느질 방법에 따라 전혀 다
른 느낌의 결과물이 나온다. 게다가 패브릭 소재라면 어
디든 수를 놓을 수 있기 때문에 자수의 범위가 생각 이상
으로 넓다는 사실에 놀라게 된다. 이번에도 역시나 바느
질 재주가 없다고 고민하지는 말길. 아주 간단한 기법만
으로도 충분히 느낌 있는 자수를 할 수 있으니까.

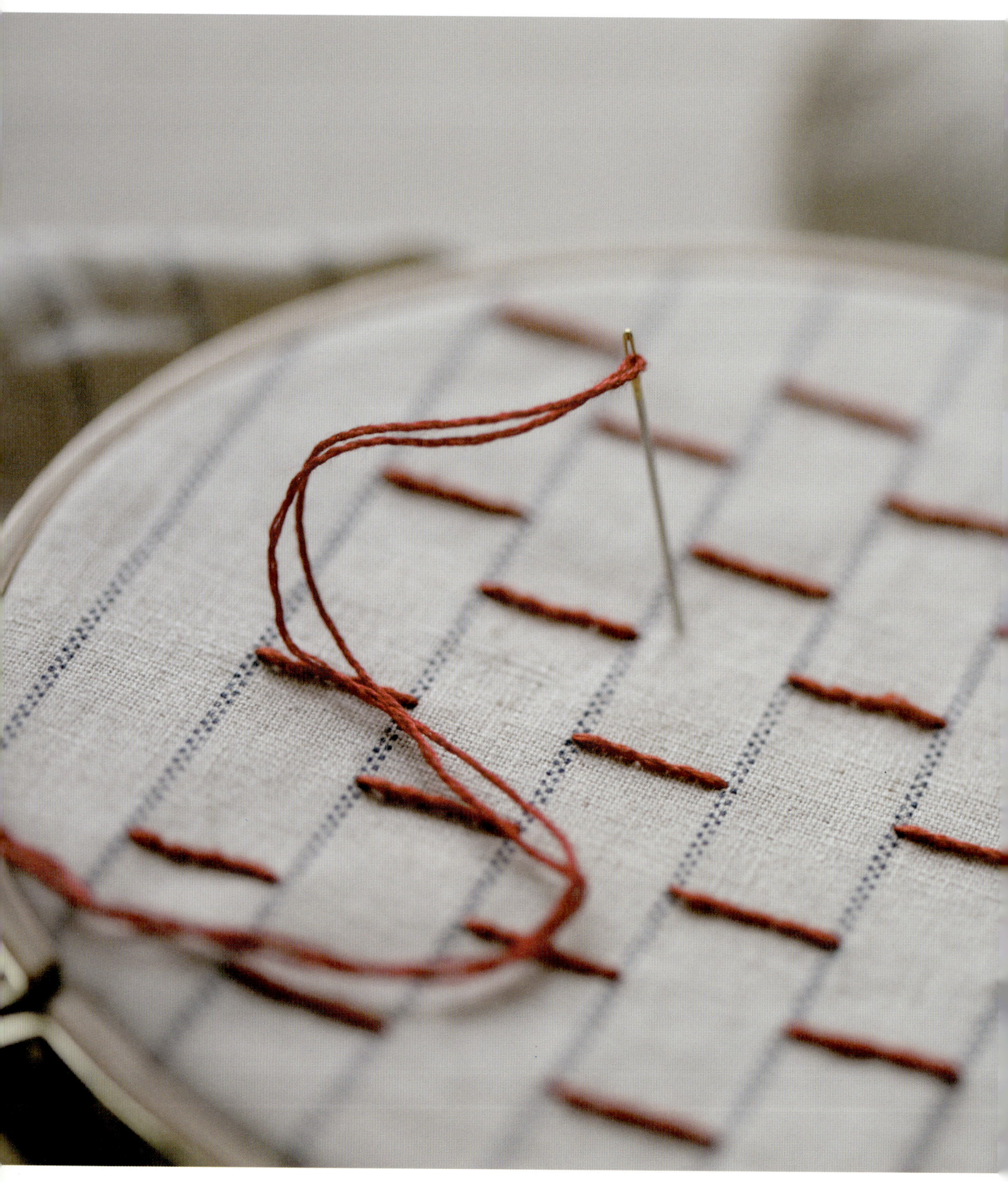

EMBROIDERY CLASS
01

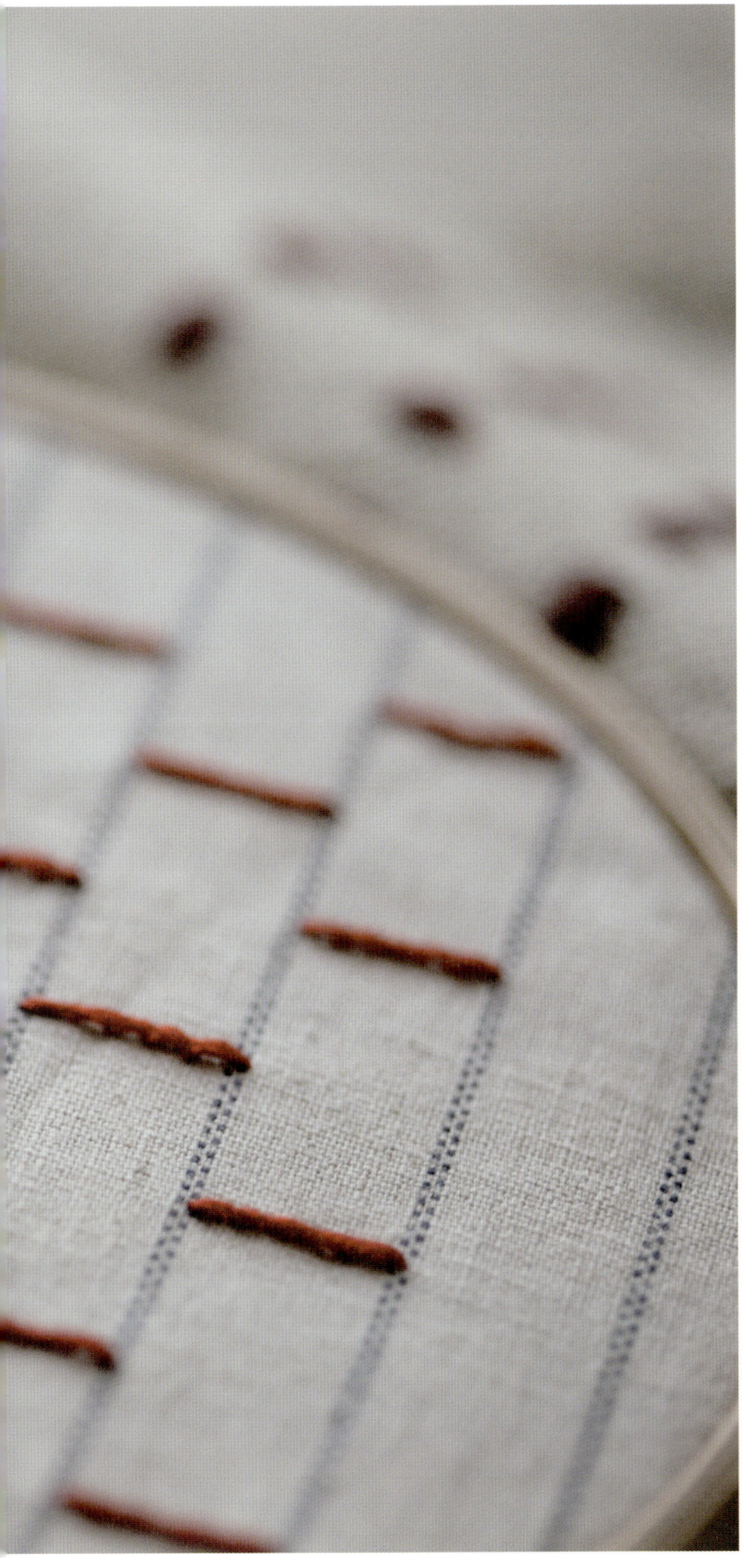

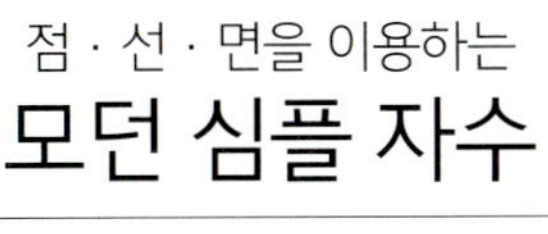

점 · 선 · 면을 이용하는

모던 심플 자수

MODERN SIMPLE STYLE

자수가 처음인 사람들에게 가장 먼저 권하는 방법은 직선이나 점선으로 수를 놓아보라는 것이다. 그림만이 자수가 되는 것은 아니다. 단순하게 일직선을 놓거나 점선을 듬성듬성 놓아도, 그것이 일정하게 반복되면 그 자체로 멋스러운 패턴이 된다. 이런 심플한 스타일의 자수는 모던하고 세련된 느낌이 있어서 그림을 수놓는 것과는 또 다른 매력이 있다. 수를 놓는 방법도 그림 자수에 비해 무척 쉽기 때문에 누구나 부담 없이 시작해 볼 수 있다.

R 1회분(자수 공통 재료) : 자수실, 바늘, 수틀, 천, 패브릭용 펜, 가위

- **T** 20~30 Minutes
- **L** Easy
- **P** ₩800~3,000

패브릭에 일정한 간격으로 점, 선, 면을 수놓아 보자. 점은 프렌치넛 스티치, 선은 아웃라인 스티치, 면은 새틴 스티치 방법을 적용하면 어렵지 않게 수놓을 수 있다. 준비한 천에 패브릭용 펜으로 밑그림을 그린 후 천을 수틀에 끼우고, 그려둔 라인을 따라 수를 놓으면 된다. 패브릭용 펜은 물로 쉽게 지울 수 있기 때문에 연필보다 편리하다.

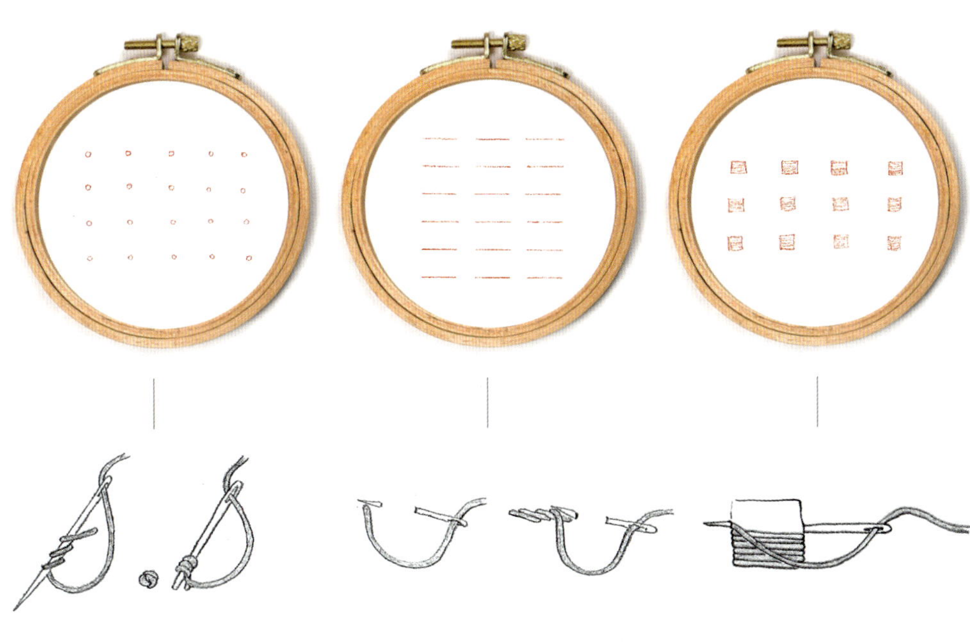

프렌치 넛 스티치
French Knot Stitch

바늘에 실을 2~3회 감은 다음, 실을 자연스럽게 당기면서 바늘을 천에 꽂아 넣으면 톡 튀어나온 매듭 모양의 입체감 있는 점이 만들어진다.

아웃라인 스티치
Outline Stitch

직선을 따라 바늘을 왼쪽에서 오른쪽으로 이동시키면서 바늘땀이 겹치게 수를 놓는다.

새틴 스티치
Satin Stitch

네모난 면을 그린 다음 오른쪽에서 왼쪽으로 바늘을 꽂으면서 면을 채운다.

왠지 특별해 보이는
모서리 이니셜 자수
CORNER INITIAL

손수건이나 도시락 보자기의 모서리에 간단히 이니셜을 새겨두면 별다른 기교가 들어가지 않아도 특별해 보인다. 이때 포인트는 영어 필기체의 대문자로 수를 놓는 것. 글자 자체가 드라마틱한 곡선을 가지고 있기 때문에 그림보다 더 멋진 무늬가 새겨진다.

T 20~30 Minutes　**L** Middle　**P** ₩800~3,000　**R** P.108

아웃라인 스티치 Outline Stitch

아웃라인 스티치 방법을 활용하면 곡선도 쉽게 수를 놓을 수 있다. 천에 그려둔 이니셜의 라인을 따라 바늘을 왼쪽에서 오른쪽으로 이동시키면서 바늘땀이 겹치게 수를 놓는다.

기본 스티치만 알면 할 수 있는
티매트 그림 자수
TEA MAT DECO

이제 그림 자수에 한번 도전해보자. 가장 만만하게 도전해볼 만한 아이템이 바로 티매트. 두꺼운
천이나 펠트에 간단히 그림을 그린 후 선은 아웃라인 스티치, 면은 새틴 스티치, 점은 프렌치 넛
스티치로 채워주면 된다. 스파이더웹 로즈 스티치를 활용하면 장미 모양도 쉽게 만들 수 있다.

T 20~30 Minutes　**L** Little High　**P** ₩1,000~5,000　**R** P.108

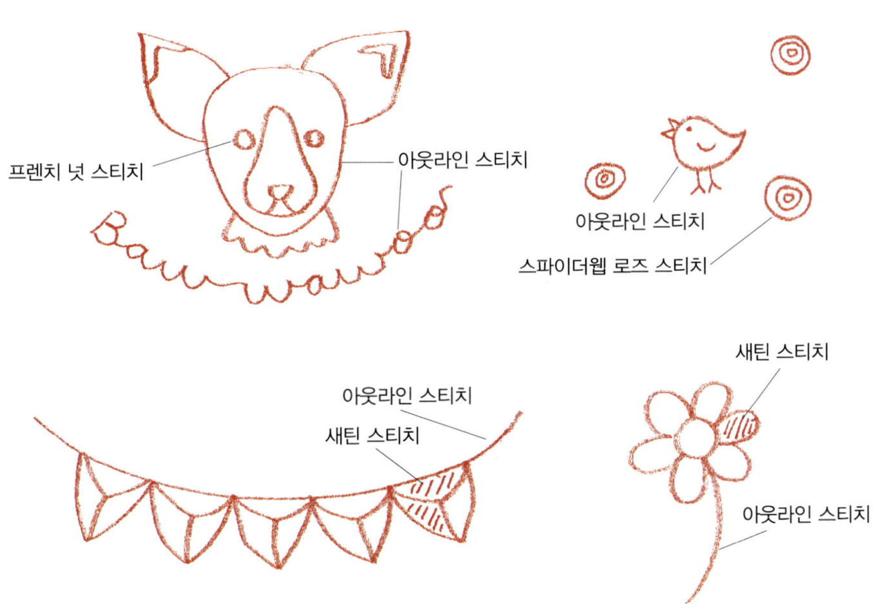

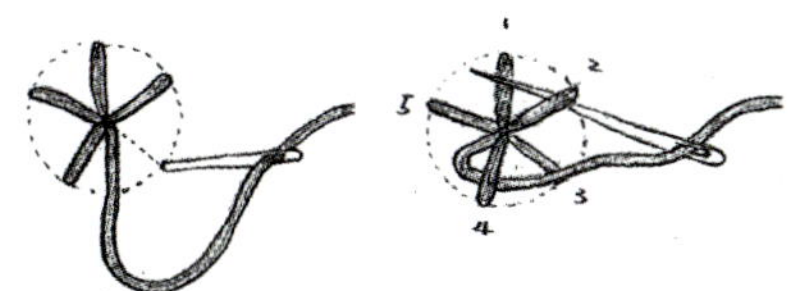

스파이더웹 로즈 스티치 Spiderweb Rose Stitch

그림처럼 5개의 라인을 만든 후 바늘이 4, 2, 5 밑으로 지나
가게 하고 그 다음에 3, 1 밑으로 지나가게 한다. 이것을 계속
반복하면 도톰한 장미 모양이 만들어진다.

오래된 것을 못 버리는 병이 있다고 들었다. 한때는 내가 그런 병에 걸린 게 아닐까, 걱정을 했던 때도 있었다. 초등학교 캠프파이어 때 썼던 초와 조약돌, 학창 시절의 첫 회수권 등등 어찌 보면 참 쓸데없는 것들을 나는 잘도 모은다. 하지만 그런 것들에 조금만 손길을 보태면 오래된 시간이 묻어나는 멋스러운 아이템이 완성된다. 나처럼 잘 버리지 못하는 미련 많은 사람들을 위한 업사이클링 DIY 클래스. 자, 낡고 수명이 다한 것들에 새로운 생명을 불어 넣어줄 시간이다.

SUMMER DAY 4

업사이클링 DIY 클래스

BEACH GAME BOARD | BRICK BOOKEND | PAINTED BOTTLE | CAKE STAND & EGG STAND | TILE TRAY

자투리 천과 지우개 도장을 이용한
비치 게임판
BEACH GAME BOARD

집마다 옷장 구석에 굴러다니는 자투리 천이 있기 마련이다. 자투리 천을 이용해 이번 여름 바캉스 때 가져가면 좋은 휴대용 게임판을 만들어보자. 아빠 와이셔츠 뒤판을 사용해도 무관하다. 오목이나 알까기 판으로 이용해도 되고 작은 돌을 많이 준비해 미니 바둑판으로 활용해도 된다.

T 30 Minutes

L Easy

P ₩1,000~2,000

① 자투리 천 양끝에 천 테이프를 놓고 접은 후 다리미로 다린다. 이렇게 하면 끝이 자연스럽게 마감돼 올이 풀리지 않는다.

② 자와 패브릭용 펜으로 천에 바둑판 모양의 그림을 그린다.

③ 고무 지우개를 바둑판의 네모 크기로 자른 후 물감을 묻혀 찍어준다.

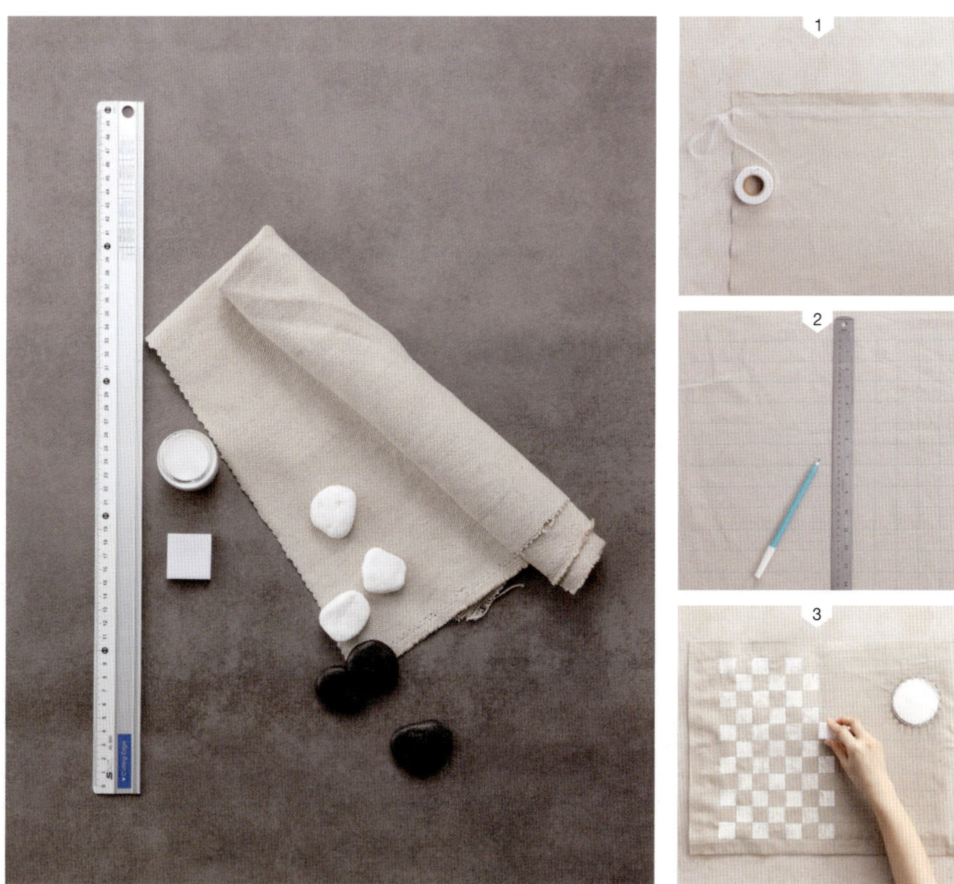

R 1개분 : 자, 패브릭용 펜, 천, 고무 지우개, 패브릭용 물감, 검은색 돌, 흰색 돌, 천 테이프, 다리미

카페 같은 느낌을 연출하는

벽돌 북엔드

BRICK BOOKEND

책꽂이에 책을 꽂을 때 마지막 책을 받쳐 책들이 쓰러지지 않도록 하는 것이 '북엔드'다. 벽돌을 놓고 약간의 데코만 더해주면 꽤 근사한 북엔드이자 데코용품을 만들 수 있다. 식탁 가운데에 책을 놓고 벽돌 북엔드를 올리면 마치 카페에 온 것 같은 연출도 가능하다.

T 30 Minutes

L Easy

P ₩500~3,000

① 벽돌 한쪽 면 크기에 맞게 펠트를 잘라 에폭시로 붙인다.

② 펠트를 붙인 면이 바닥에 가도록 놓고, 벽돌 윗쪽 부분에 인조 잔디를 잘라 에폭시로 붙인다.

③ 잔디 위에 원하는 장식품을 놓아준다.

TIP
벽돌은 철물점에서(1장당 100~200원), 인조 잔디는 벽지 가게에서(1평당 10,000~20,000원) 구입 가능.

R 2개분 : 벽돌 2장, 인조 잔디와 펠트 적당량, 원하는 장식품, 에폭시, 가위

버리지 못하는 사람들을 위한
컬러 꽃병
PAINTED BOTTLE

이번 아이템은 꽃병 사랑이 남다른 사람들을 위해 특별히 준비한 것이다. 재활용품 정리를 한 주만 걸러도 집 안에 유리병이 가득 쌓이기 마련인데, 그냥 버리기 아깝기도 하고 그 자체로도 모양이 예쁜 유리병들에게 새 생명을 불어 넣어주고 싶어서 안쪽에 페인트칠을 해보았다. 여러 개 만들어 주룩 세워두면 꽤 괜찮은 인테리어 소품이 된다. 계절의 느낌 따라 각기 다른 색깔을 칠해주면 시기와 장소에 맞게 원하는 분위기를 연출할 수 있다.

PAINTED BOTTLE

페인트가 좀 뻑뻑할 때는 물을 조금 타주면 잘 흐른다. 페인트 대신 스테인드글라스용 물감을 이용하는 것도 좋다. 색감도 무척 예쁘고 투명하기까지 해서 유리가 가진 아름다움을 더욱 잘 표현할 수 있다.

T 20 Minutes

L Easy

P ₩5,000~20,000

❶ 빈 유리병에 수용성 페인트를 부어준다.

❷ 병을 흔들어 병 안쪽에 페인트를 골고루 묻혀준다.

❸ 병 안에 남아 있는 페인트를 부어내고 잘 말려 꽃병으로 활용한다.

UPCYCLING DIY CLASS
04

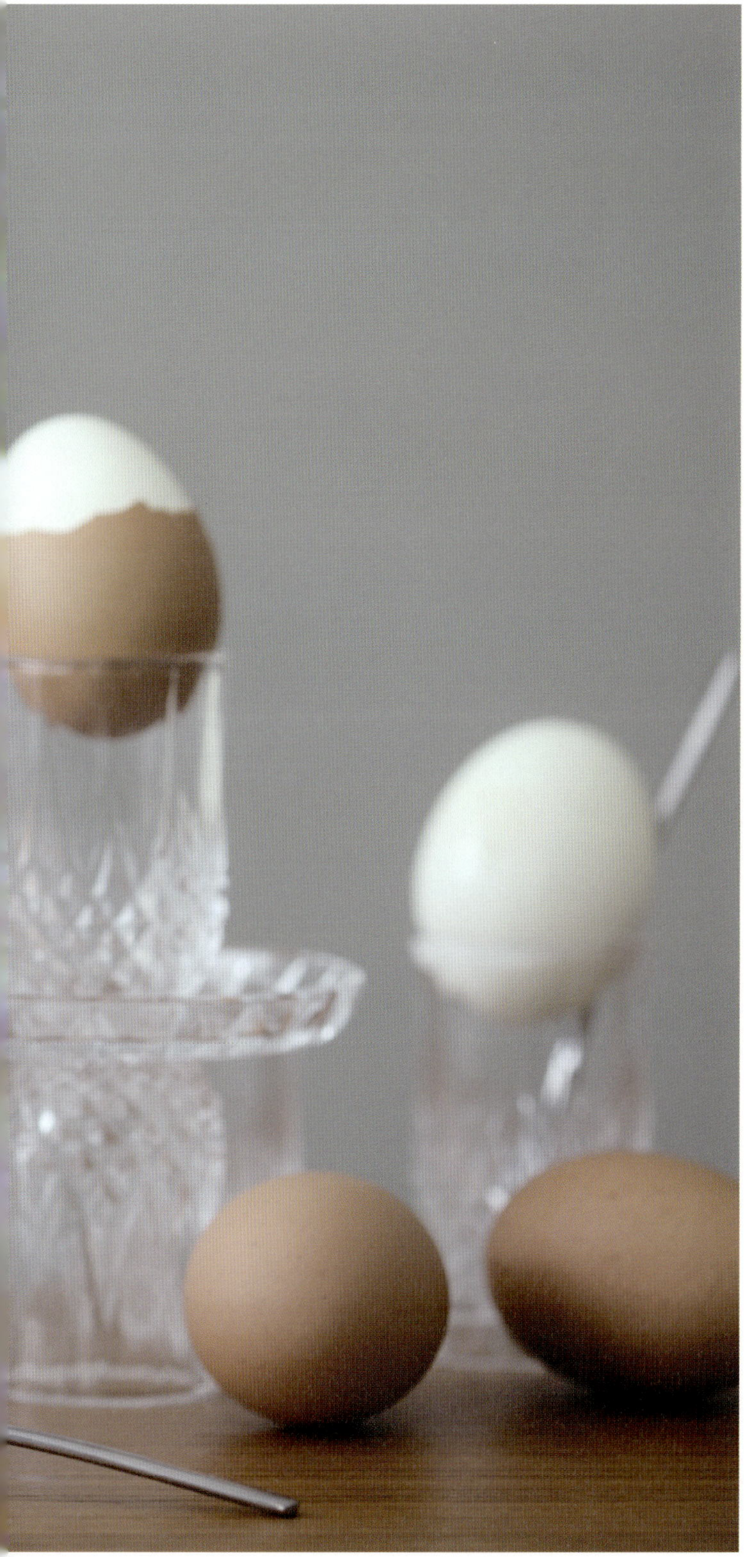

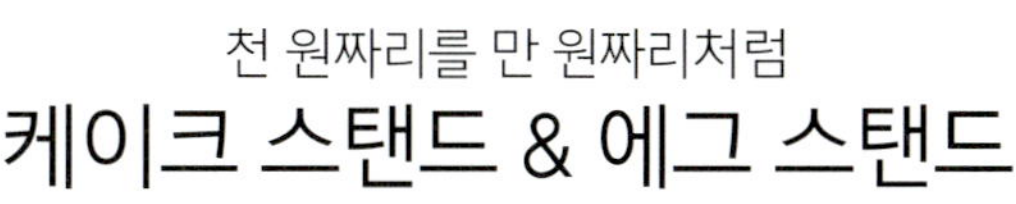

천 원짜리를 만 원짜리처럼

케이크 스탠드 & 에그 스탠드

CAKE STAND & EGG STAND

요즘 동네마다 있는 천원숍은 내가 참 좋아하는 곳이다. 종류도 다양하지만 유리 제품의 질이 무척 좋아서, 잘만 고르면 고급 인테리어 숍 제품 못지않다. 나는 천원숍의 유리제품으로 DIY 하는 것을 즐기는데, 그중 특히 자주 만드는 것이 케이크 스탠드와 에그 스탠드다. 유리그릇 아래 위로 유리컵을 붙여주면 기성 제품 못지않은 케이크 스탠드와 에그 스탠드를 만들 수 있다. 이런 유리 아이템 한두 개만 놓아줘도 평범한 식탁에 순식간에 고급스러운 향기가 풍긴다. 안 쓰고 묵혀두는 유리컵과 그릇들도 적극 활용해보자.

Ⓡ 1개분 : 유리그릇 12개, 유리컵 2개, 애프시

에그 스탠드는 삶은 달걀 받침대라고 생각하면 되는데, 우리나라에선 잘 쓰지 않지만 영국 등 서양권에선 대중적인 아이템이다. 식탁에 에그 스탠드 하나만 올라가도 호텔 조식을 먹는 듯 색다른 분위기를 즐길 수 있다.

T 20 Minutes
L Easy
P ₩1,000~10,000

① 유리잔 밑바닥에 에폭시를 바른다.
② 유리그릇을 뒤집은 후, 에폭시를 바른 유리잔을 유리그릇의 정중앙에 대고 붙인다.
③ 크기별로 만들어 케이크 스탠드나 에그 스탠드로 활용한다.

TIP
유리잔의 구연부(입술이 닿는 부위)가 아니라 밑바닥에 에폭시를 발라야 안정적으로 잘 붙는다.

작은 차이를 만드는 센스
타일 트레이
TILE TRAY

마트에서 살 수 있는 값싼 나무 트레이에 반짝거리는 타일을 붙여주면 한결 느낌이 다른 트레이를 만들 수 있다. 굳이 비싼 걸 사지 않아도 이렇게 약간의 아이디어를 더해주면 충분히 멋스러운 아이템으로 변신시킬 수 있다. 처음엔 막연하게 느껴지지만 습관이 되면 자연스럽게 요령이 생긴다.

Ⓣ 30 Minutes

Ⓛ Easy

Ⓟ ₩5,000~10,000

① 타일을 트레이 길이대로 자른다.

② 글루건을 이용해 타일을 트레이에 붙인다.

③ 데코 타일용 시멘트를 종이컵에 소량 넣고 물을 넣어 갠 후(석고팩 정도로) 타일 위에 전체적으로 바르고 거즈나 티슈로 닦아낸다.

Ⓡ 1개분 : 나무 트레이 1개, 원하는 타일, 글루건, 데코 타일용 시멘트, 종이컵, 티슈나 거즈, 물 적당량

파라핀 캔들의 유해성이 알려지면서, 소이캔들의 인기가 점점 높아지고 있다. 파라핀 왁스 대신 콩에서 추출한 소이 왁스를 이용하는 것인데, 유해물질은 물론 그을음도 거의 없고 은은한 향기가 더욱 멀리 퍼지고 더 오래 지속된다. 캔들은 악취 제거 효과도 있고 아로마 테라피를 즐기기에도 딱이지만 또 하나 빼놓을 수 없는 것이 바로 "타닥타닥" 하고 심지가 타는 소리. 곁에 있는 소중한 사람들에게 타닥타닥 촛불 켜는 밤을 선물해보자.

SUMMER DAY 5
소이캔들 클래스
TEA CUP CANDLE | TEALIGHT CANDLE | COOKIE CUTTER CANDLE

찻잔 가득한 향기
티컵 캔들
TEA CUP CANDLE

캔들은 향기에 따라서도 저마다 매력이 달라지지만 캔들을 담는 용기에 따라서도 분위기가 달라진다. 깨진 찻잔이나 안 쓰는 유리컵을 이용해 캔들을 한번 만들어보자. 컵의 느낌에 따라 캔들의 느낌도 달라진다. 담는 용기의 분위기에 맞게 향을 조합하는 것도 좋겠다.

T 1~2 Hours
(굳히는 시간 하루)
L Middle
P ₩5,000~10,000

① 소이 왁스를 중탕용 비커에 넣는다.

② 냄비에 물을 부은 후 ①을 넣고 중탕한다.

③ 비커에 온도계를 꽂고 온도가 70℃에 오르면 불을 끄고 소이 왁스가 다 녹을 때까지 기다린다.

④ 온도가 50℃로 내려가면 원하는 향의 에센셜 오일을 넣고 저어준다. (오일은 전체 양의 7~8%)

⑤ 찻잔 중앙에 심지를 세우고 녹인 왁스를 부어 하루 정도 둔다. 아래 사진처럼 나무젓가락으로 심지를 고정해주면 더욱 좋다.

R 1개분 : 소이 왁스 100g, 심지 1개, 원하는 향의 에센셜 오일 7~8g, 스포이드, 찻잔, 중탕용 비커, 냄비, 온도계

TIP
이가 나간 유리잔은 이가 나간 쪽에 양면 테이프를 붙이고 그 위에 레이스를 붙여 장식한다.

페이퍼컵을 이용한

티라이트 캔들

TEALIGHT CANDLE

작은 향초를 '티라이트 캔들'이라고 하는데, 여러 개 만들어두면 그때그때 부담 없이 쓸 수 있고 선물하기에도 좋다. 베이킹용 페이퍼컵을 이용하면 아기자기하고 귀여운 티라이트 캔들을 만들 수 있다. 이번에는 나무 심지를 이용해보자. "타닥타닥" 하는 소리를 더욱 즐길 수 있다.

Ⓣ 1~2 Hours
　(굳히는 시간 하루)

Ⓛ Middle

Ⓟ ₩5,000~10,000

❶ 나무 심지를 페이퍼컵 높이보다 조금 길게 자른 후 클립에 끼우고 페이퍼컵 중앙에 세운다.

❷ 소이왁스를 중탕용 비커에 넣고 냄비에 중탕한다.

❸ 비커에 온도계를 꽂고 온도가 70℃가 되면 불을 끄고 소이왁스가 다 녹을 때까지 기다린다.

❹ 온도가 50℃로 내려가면 에센셜 오일을 5~6g 넣고 저어준다.

❺ 준비해둔 페이퍼컵에 ④를 붓고 하루 정도 굳힌다.

Ⓡ 4개분 : 페이퍼컵 4개, 소이왁스 80g, 나무 심지와 클립 4개씩, 원하는 향의 에센셜 오일 5~6g, 스포이드, 중탕용 비커, 냄비, 온도계, 가위

귀엽고 아기자기한

쿠키커터 캔들

COOKIE CUTTER CANDLE

평범한 캔들이 지겹다면 진저맨 캔들을 만들어볼까? 전혀 어렵지 않다. 쿠키 커터를 이용하면 간단하게 진저맨 모양의 캔들을 만들 수 있다. 나무, 꽃 등 자신이 가지고 있는 쿠키 커터를 다양하게 활용해보자. 너무 귀여워서 차마 불을 피우기가 미안한 느낌이 들지도 모르지만.

T 1~2 Hours
(굳히는 시간 하루)

L Middle

P ₩5,000~10,000

① 클레이 점토를 밀대로 밀어 평평하게 만들고 그 위에 쿠키 커터를 꽂는다.

② 쿠키 커터 중앙에 심지를 꽂는다.

③ 소이왁스를 중탕용 비커에 넣고 냄비에 중탕한다.

④ 비커에 온도계를 꽂고 온도가 70℃가 되면 불을 끄고 소이왁스가 다 녹을 때까지 기다린다.

⑤ 온도가 50℃로 내려가면 에센셜 오일을 2~3g 넣고 저어준다.

⑥ ⑤를 쿠키 커터에 붓고 하루 정도 굳힌 후 캔들이 굳으면 쿠키 커터에서 분리한다. 이때 바닥의 클레이 점토도 떼어준다.

⑦ 밑에 작은 그릇을 놓고 초를 켠다.

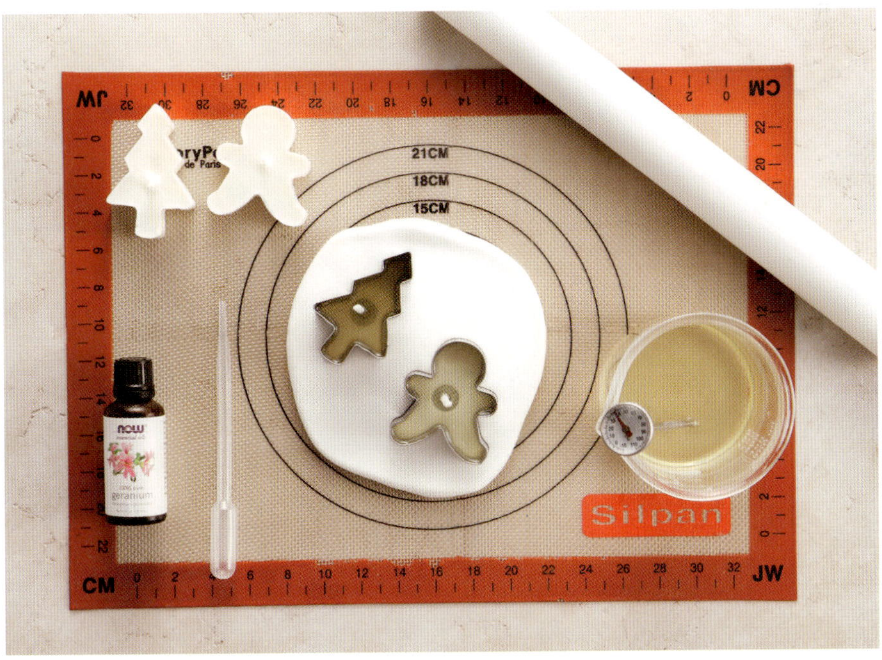

R 2개분 : 원하는 모양의 쿠키 커터, 심지 2개, 소이왁스 40g, 에센셜 오일 2~3g, 스포이드, 온도계, 중탕용 비커, 냄비, 클레이 점토 1/2개분, 밀대

CHAPTER 3

가을의 어떤 날에

한때는 꽃이 금방 시들어버리는 게 싫어서 받자마자 바싹 말려버리는 쪽을 택하기도 했었다. 하지만 지금은 드라이 플라워만의 매력에 푹 빠져 조심스럽게 꽃을 말리곤 한다. 싱그러운 생화의 아름다움이야 두말할 것 없지만, 물기가 없는 꽃의 매력도 그에 못지않다. 가끔은 물기 없이 바스락거리는 꽃의 느낌을 즐겨보자. 조화를 잘 골라 활용해보는 것도 좋겠다. 생화만이 최고라는 편견에서 벗어나면 꽃을 즐기는 방법이 한층 풍성해진다.

가을의 플라워 클래스

SACHET | FLOWER BALL | ORANGE POMANDER

드라이 플라워의 정석
사처
SACHET

사처는 말린 꽃잎을 넣은 작은 주머니를 말한다. 꽃병의 꽃이 시들어 갈 때, 꽃목을 자르고 서늘한 곳에서 바싹 말린 후 사처를 만들어주면 또 다른 느낌의 꽃이 탄생한다. 100℃ 이하의 저온으로 예열한 오븐에 꽃을 1시간 정도 구워줘도 되는데, 이렇게 하면 탈색이 된다는 단점이 있다.

T 40 Minutes

L Easy

P ₩1,000~

① 천 위에 말린 꽃을 조금 올리고 에센셜 오일을 1~2방울 뿌린다.

② 천의 귀퉁이를 잘 오므리고 노끈이나 리본으로 묶어 봉한다.

③ 말린 꽃을 유리병에 넣고 천으로 데코해도 좋다.

R 1개분 : 레이스 천 혹은 유리병, 리본이나 노끈, 말린 꽃, 에센셜 오일, 가위, 스포이드

조화로 만드는

꽃볼

FLOWER BALL

요즘은 생화 못지않게 예쁜 조화가 무척 많이 나온다. 고급스럽게 잘 만들어진 조화는 생화보다 가격이 더 비싸다는 사실! 조화를 무조건 무시하기보다는, 예쁜 조화를 잘 고르는 안목을 기르는 게 더 현명하지 않을까. 자, 이번에는 조화로 꽃볼을 한번 만들어보자.

T 40 Minutes

L Easy

P ₩5,000~20,000

1 조화의 가지를 3cm 정도로 잘라둔다.

2 가지에 글루건을 묻힌 후, 꽃볼용 스티로폼에 꽃이 빼곡히 차도록 꽂는다.

3 꽃볼이 완성되면 글루건으로 리본을 연결해 원하는 곳에 달아준다.

R 1개분 : 꽃볼용 스티로폼, 조화, 글루건, 가위, 리본

시트러스 향이 기분 좋은
오렌지 포만더
ORANGE POMANDER

외국에서는 가을이 오면 오렌지와 정향을 이용해 포만더를 만드는 것이 무척 인기 있다. 오렌지 포만더를 만들어 한쪽 구석에 두면 가을 내내 상큼하고 매혹적인 향기를 즐길 수 있다. 정향은 대형마트의 식자재 코너에서 구입하면 된다.

- **T** 40 Minutes
- **L** Easy
- **P** ₩5,000~10,000

① 오렌지에 정향을 원하는 모양대로 꽂아준다.

② 여러 개 만들어 바구니에 담고 집 안 한 구석에 둔다. 오렌지가 마를 때까지 뒀다가 버리면 된다.

블링블링 골드 클래스

GOLDEN OBJECT | PEBBLE PAPERWEIGHT |
ACORN NAPKIN RING | INITIAL CUP

평범한 소품에 금칠을 조금만 해주어도 밋밋하던 물건이
눈에 띄는 존재감을 발휘한다. 하지만 금빛 오브젝트는
자칫 무겁고 딱딱하게 느껴질 수도 있다. 이럴 땐 나무나
세라믹 등 부드러운 느낌을 주는 소재들을 믹스 앤 매치
하면 캐주얼한 느낌은 그대로 가져가면서 고급스러움을
표현할 수 있다. 자, 이번에는 블링블링한 금빛의 매력에
푹 취해보는 클래스로 초대한다.

포인트를 주고 싶은 곳에 톡톡
금빛 오브젝트
GOLDEN OBJECT

주위의 다양한 물건들에 금빛을 입혀보자. 케이크 스탠드, 액자, 유리컵, 장식품 등 포인트를 주고 싶은 곳에 금색 물감을 칠해주면 끝. 붓을 들고 여기저기 원하는 곳에 톡톡 바르면 된다. 할수록 중독되는 금칠의 매력을 금세 깨우치게 될 것이다.

- **T** 20 Minutes
- **L** Easy
- **P** ₩5,000~15,000

1. 케이크 스탠드에 마스킹 테이프를 붙인다.
2. 전체적으로 금칠을 한 후 테이프를 떼어내고 잘 말린다.
3. 액자 등 원하는 소품의 포인트를 주고 싶은 곳에 금칠을 한다.

TIP

금색 물감은 화방에서 구입 가능하지만 아마존을 통해 직구하는 것이 더 저렴하고 컬러감도 좋다.

R 1~2개분 : 금칠할 소품, 케이크 스탠드, 금색 물감 혹은 금색 페인트, 붓, 마스킹 테이프

종이를 멋스럽게 눌러주는
조약돌 문진
PEBBLE PAPERWEIGHT

조약돌은 문진으로 활용하기에 참 좋은 아이템인데 그냥 종이 위에 올려도 내추럴하고 예쁘지만 금칠을 해주면 무척이나 고급스럽게 변신한다. 조약돌 문진은 데코용품으로도 활용할 수 있는데, 여러 개 만들어 도자기 그릇에 올리거나 원하는 곳에 무심한 듯 툭 올려두면 멋스럽다.

T 30 Minutes

L Easy

P ₩500~15,000

❶ 금색 물감을 붓으로 조약돌의 표면에 발라준다. 한 번에 다 칠하지 말고 반씩 나누어 한 면이 마르면 다른 한 면을 칠해 완성하는 것이 좋다.

❷ 모든 면이 잘 마르면 종이 위에 올린다.

TIP
조약돌이 없을 때는, 원예점에서 개당 200~500원에 구입할 수 있다.

R 1회분 : 조약돌 적당량, 금색 물감, 붓

누구나 미소 짓게 하는

도토리 냅킨링

ACORN NAPKIN RING

가을에 산책을 하다 보면 도토리가 길에 떨어진 것을 많이 볼 수 있다.
이걸 주워다가 뭔가 활용할 것이 없을까 생각하다가 금칠을 해서 냅킨
링을 만들어 보았다. 마치 백화점 진열장에 있을 법한 고급스러운 냅
킨링 금세 완성! 이렇게 멋진 것을 어디서 구했느냐고 사람들이 물을
때마다 속으로 혼자 빙그레 웃는다.

155

ACORN NAPKIN RING

우리가 흔히 아는 도토리 모양은 서양 도토리다. 한국 토종 도토리는 도토리 뚜껑이 좀 더 거칠고 삐죽삐죽 튀어나와 있다. 투박한 느낌이 더 들지만 그래서 또 멋스럽다. 둘 다 길에서 쉽게 찾을 수 있으니 각각의 매력을 즐겨보자.

Ⓣ 1 Hour
Ⓛ Middle
Ⓟ ₩5,000~20,000

❶ 바늘이나 송곳을 도토리 뚜껑에 대고 망치로 살짝 때려 구멍을 낸다.

❷ 철사 2줄을 하나로 겹쳐 꼬아준다.

❸ 글루건으로 철사를 도토리 뚜껑의 구멍에 넣어 붙인다.

❹ 글루건으로 도토리 뚜껑과 몸체를 붙인다.

❺ 철사 끝에 나뭇잎을 연결하고 철사에 전체적으로 플로럴 테이프를 감아준다.

❻ 도토리에 금칠을 하고 잘 말린다.

TIP
도토리에 금칠을 하지 않고 본래의 갈색을 그대로 살리면 내추럴한 느낌의 냅킨링이 된다.

커플끼리 사용하면 좋은
이니셜 컵
INITIAL CUP

컵에 이니셜을 새겨두면 선물할 때 참 좋다. 커플 컵으로 이용하기에도
좋고 평소 고마웠던 분들에게 특별한 느낌을 담아 감사의 마음을 전하
기에도 좋다. 만드는 방법이 조금 까다롭긴 하지만 사실 해보면 별달리
어렵지 않다. 알파벳별로 만들어 데코용품으로 사용해도 멋스럽다.

INITIAL CUP

1개분 : 금지(금박종이), 티슈나 거즈, 금지 정착제, 금지 마감제, 붓, 마스킹 테이프, 흰 컵, 1개, 유리용 백묵(분필)

T 1Hour
L Little High
P ₩10,000~15,000

천원숍에서 파는 1,000~2,000원짜리 컵을 활용하자. 금박 종이를 붙여주는 것만으로도 '저렴한' 분위기는 사라질 테니. 깨끗한 느낌을 원할 때는 화이트 도자기를, 엣지 있는 모던함을 원할 때는 검은색 도자기를 선택하도록 한다.

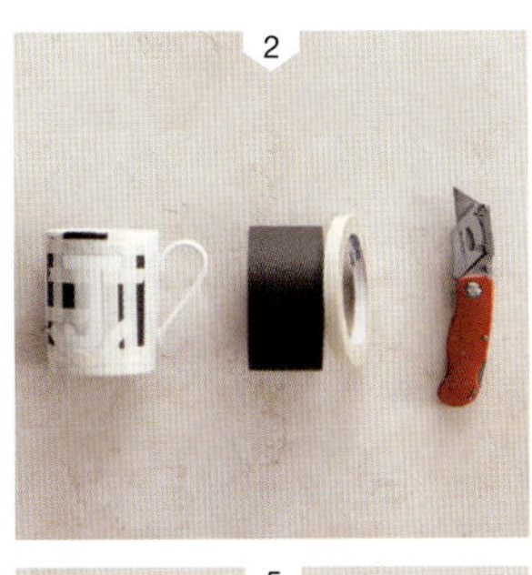
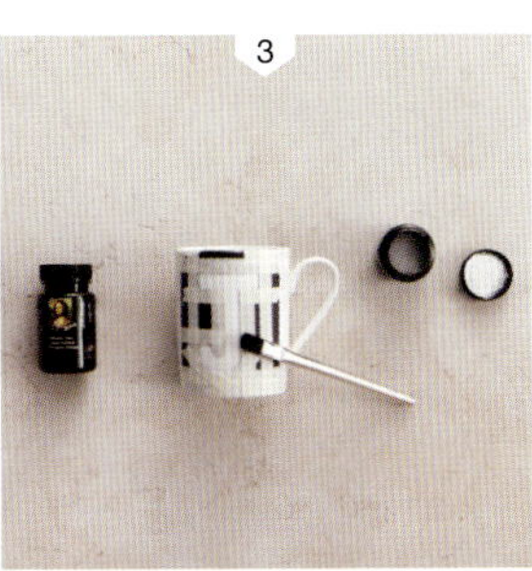

❶ 컵을 깨끗하게 닦고 유리용 백묵으로 원하는 이니셜을 그린다.

❷ 이니셜 테두리를 마스킹 테이프로 꼼꼼히 붙여주고 백묵은 면 천으로 깨끗히 지운다.

❸ 백묵이 묻었던 곳(이니셜 모양)에 금지 접착제를 붓으로 발라준다.

❹ 30분 정도 후 금지를 이니셜 위에 붙인다.

❺ 티슈나 거즈로 금지 표면을 꼭꼭 눌러 접착시킨 후 접착제가 묻지 않은 부분의 금지는 잘라 떼어낸다.

❻ 마스킹 테이프를 떼어내고 금지 마감제를 붓으로 금박 위에 발라준다.

할로윈 클래스

WITCH'S BROOM | BAT & HAND MASK | HALLOWEEN PUMPKIN | EARTHWORM CAKE

요즘엔 우리나라에서도 할로윈이 인기다. 굳이 서양의 시즌 이벤트를 따라 할 필요가 있느냐고 툴툴거리는 사람들도 있지만, 나는 즐기는 편이다. 일상을 다채롭게 즐기는 방법에 굳이 동서양을 따질 필요가 있을까. 아이들과 함께 추억을 만들기도 좋고, 덩달아 동심으로 돌아간 느낌이어서 나는 할로윈이 늘 즐겁고 반갑다. 좋은 사람들과 어울려 놀 수 있는 할로윈 파티에 활용할 간단한 노하우들을 소개한다.

요모조모 쓸모가 많은
마녀 빗자루
WITCH'S BROOM

금방이라도 고깔모자를 쓴 마녀가 나타날 것 같은 분위기! 이쑤시개와 색종이로 만드는 간단한 마녀 빗자루는 그냥 어디에 툭툭 놓아도 재밌는 소품이 되고 사과 등 과일에 꽂아 테이블 세팅을 해도 좋다. 여러 개 만들어서 휘뚜루마뚜루 꽂아주자.

T 15 Minutes
L Middle
P ₩1,000

① 색종이를 가로 15cm, 세로 6cm로 잘라준다.

② 색종이를 가로로 길게 놓고, 아래 부분을 세로 3∼4cm 길이로 1∼2mm 간격으로 촘촘히 잘라준다.

③ 색종이의 윗부분도 세로 0.6∼1cm 길이로 1∼2mm 간격으로 촘촘히 잘라준다.

④ 이쑤시개의 끝에 양면 테이프를 얇게 붙이고 색종이를 돌돌 감아 붙인다.

⑤ 양면 테이프로 끝을 고정하고 노끈으로 감아준다.

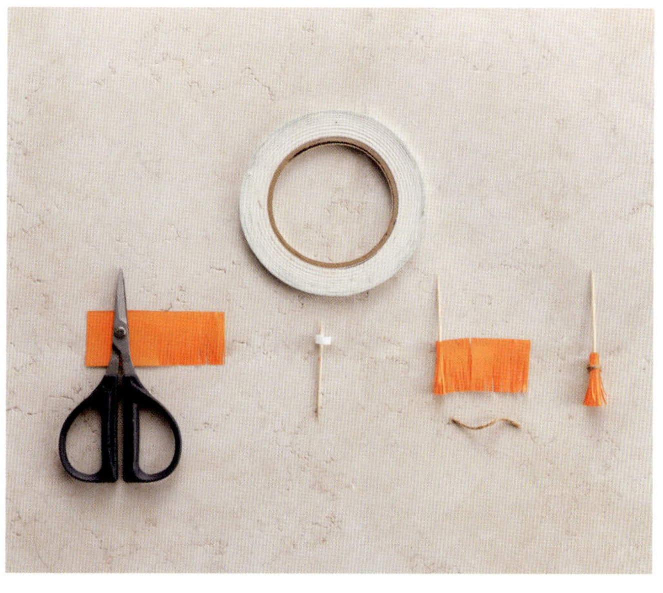

R 1개분 : 색종이1장, 가위, 양면 테이프, 노끈, 이쑤시개 1개

동심으로 돌아가 즐기는 종이놀이

박쥐 & 손가면

BAT & HAND MASK

검정 종이의 매력이란 정말 무궁무진하다. 할로윈 아이템을 만들 때도
마찬가지인데, 연필로 슥슥 라인만 그려 잘라내면 배트맨 카리스마 못
지않은 박쥐 완성! 수염 모양을 그려 긴 막대기에 붙여주면 나를 앙증
맞게 변장시킬 손가면 완성! 나만의 느낌대로 슥슥 만들어보자. 아이
들과 함께 만들어도 좋은 아이템이다.

R 1회분 : 검은색 종이, 양면 테이프, 가위, 연필, 인형 눈알, 긴 막대기 작업핀

T 20 Minutes
L Easy
P ₩1,000~

할로윈 용품은 아이디어를 내기 나름이니 마음껏 크리에이 티브를 발휘해보자. 평소에 시도하기 어려웠던 그로테스크한 분위기를 연출해보는 것도 할로윈만의 묘미. 검정색 습자지로 폼폼을 만들어 가득 달아보는 것도 강력추천.

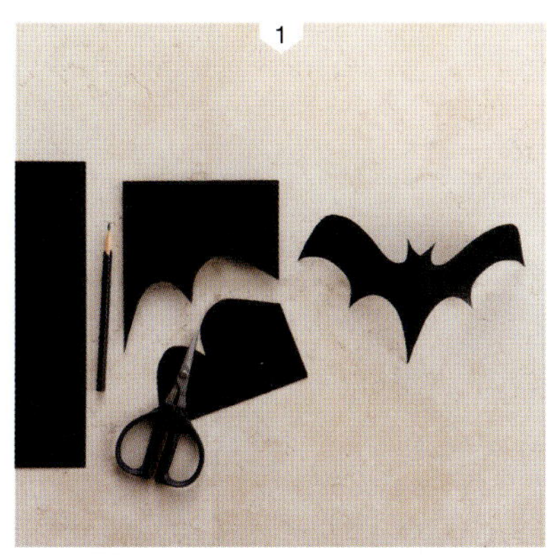

❶ 검은색 종이에 연필로 박쥐 모양을 그려 자르고 원하는 곳에 붙인다. 인형 눈알을 붙이면 좀 더 유머러스한 느낌을 낼 수 있다.

❷ 검은색 종이에 수염 모양을 그려 자르고 양면 테이프를 이용해 막대기에 붙인다.

TIP

박쥐에 붙일 인형 눈알은 일반 문구점에서 구입할 수 있다.

기억해, 10월의 마지막 밤을
할로윈 호박
HALLOWEEN PUMPKIN

커다란 늙은 호박이 시장에 나오면 가슴이 두근두근한다. 할로윈 호박을 만들 생각에. 속을 숙숙 파서 안에 초를 넣어주면 되니 무척 손쉽다. 얼굴 모양 외에도 늑대나 다른 귀신 그림 등을 그려 자유자재로 꾸며보자.

T 40 Minutes
L Middle
P ₩5,000~20,000

① 늙은 호박의 밑둥을 자르고 수저로 안을 파낸다
② 호박의 겉에 연필로 얼굴 그림을 그린다.
③ 그림 대로 칼로 잘라낸 후 안쪽에 촛불을 넣는다.

R 1개분 : 늙은 호박 1개, 칼, 양초, 수저, 연필

징그럽기보단 귀여워
지렁이 케이크
EARTHWORM CAKE

할로윈 파티를 할 때 살짝 유머가 가미된 메뉴를 준비하면 파티 분위기가 더욱 즐거워진다. 시중에 파는 과자들을 활용해 간단히 만들 수 있는 레시피를 소개한다. 왕꿈틀이 젤리를 꽂아주는 초간단 케이크인데 징그러우면서도 귀여워서 항상 반응이 폭발적이다.

Ⓣ 30 Minutes

Ⓛ Middle

Ⓟ ₩4,000~5,000

❶ 파이류 과자에 생크림을 바르고, 왕꿈틀이가 삐져 나오도록 길게 올린다.

❷ 같은 방법으로 파이, 생크림, 왕꿈틀이를 겹겹이 쌓아준다.

❸ 오레오 쿠키를 잘게 부숴 뿌리고 긴 막대과자를 꽂아 장식한다.

Ⓡ 1개분 : 오레오 쿠키, 왕꿈틀이, 긴 막대과자, 생크림, 파이류 과자

시간이 흘러도 변함없이 사랑 받는 아이템들이 있다. 진주가 그중 하나 아닐까. 진주는 여느 보석처럼 화려하게 반짝이지는 않지만, 은근하면서도 깊게 자신만의 존재감을 또렷이 전달한다. 이번 클래스는 여자라면 누구나 좋아할 만하지 않을까 싶다. 내 맘대로 진주를 한번 가지고 놀아보자. 이 모든 것이 가능한 이유는? 우리에겐 저렴하면서도 예쁜 인조 진주가 있으니까.

AUTUMN DAY 4

진주 리폼 클래스

PEARL NAPKIN RING | PEARL DOUBLE VASE | PEARL CHARM BAG

기품있는 소공녀의 식탁처럼
진주 냅킨링
PEARL NAPKIN RING

냅킨링은 테이블 세팅을 할 때 감초 같은 역할을 한다. 어떤 냅킨링을 준비하느냐에 따라 테이블 세팅의 느낌이 확연히 달라지는데, 진주를 사용한 냅킨링을 올려놓을 경우 단아하면서도 품격 있는 만찬 분위기를 연출할 수 있다. 진주는 기본적으로 여리여리한 느낌을 갖고 있는데, 여기에 검은색 리본을 둘러 묶어주면 우아하면서도 과하지 않게 시크한 느낌을 낼 수 있다.

PEARL NAPKIN RING

T 30 Minutes

L Middle

P ₩1,500~20,000

요즘은 인조 진주 가격이 상당히 저렴하다. 1m 정도의 줄에 꿰어 있는 인조 진주의 가격이 보통 1,500~5,000원 선. 굵은 것, 작은 것 등 크기도 다양하다. 20,000원 어치 정도 구입하면 1년은 넉넉히 두고 쓸 수 있다.

① 낚싯줄로 진주알을 엮는다.

② 적당한 굵기가 되면 매듭 짓는다.

③ 진주알 틈새에 리본을 묶어준다.

④ 리본을 다음 진주알 틈새로 넘겨 묶어준다. 이 방법을 반복하며 한 바퀴 돈다.

⑤ 한 바퀴 돌고 나면 매듭 짓고 예쁘게 리본을 묶는다.

⑥ 냅킨링을 원하는 개수만큼 만든다.

179

진주알이 꽉 찬 수납함

펄 더블 베이스

PEARL DOUBLE VASE

크기가 다른 유리볼을 두 개 겹쳐주고 그 사이 공간에 진주알을 채워주면 고급스러운 수납함을 만들 수 있다. 현관 가까이에 두고 늘 잊기 쉬운 열쇠를 놓아둔다거나, 휴대폰 거치대로 활용하면 무척이나 럭셔리한 느낌이 든다.

T 20 Minutes
L Easy
P ₩5,000~15,000

1 크기가 다른 유리볼 두 개를 겹쳐 쌓는다.
2 크기가 다양한 진주를 유리볼 사이 공간 안에 채워준다.

R 1개분 : 크기가 다른 유리컵 2개, 진주알 적당히

은은한 멋이 느껴지는
진주 가방
PEARL CHARM BAG

진주는 은근한 포인트를 주기에 딱 좋다. 펠트로 가방을 만든 후 손잡이와 참(Charm)을 진주로 만들어 장식하면 참 멋스러운 가방이 된다. 굳이 가방을 만들지 않아도 늘 가지고 다니는 가방에 진주를 몇 개 연결해 치렁치렁 달아주면 금세 고급스러운 명품백이 된다.

Ⓣ 1~2Hours

Ⓛ Little High

Ⓟ ₩5,000~10,000

❶ 아래 사진의 펠트 사이즈를 참고해 버튼홀 스티치(p.215)로 가방을 만든다.

❷ 낚싯줄을 이용해 50cm 정도로 진주를 엮는다. 이것을 6개 만든다.

❸ 70cm 진주줄, 60cm 진주줄을 하나씩 더 만든다.

❹ 손잡이 구멍을 아일렛 펀치로 뚫고 50cm 진주줄을 넣어 손잡이를 만든다.

❺ 나머지 진주줄들을 원하는 대로 묶어 장식한다.

Ⓡ 1개분 : 진주알, 리본, 낚싯줄, 가위, 아일렛 펀치, 아일렛 침, 펠트, 가위, 실과 바늘

여자들이 한번쯤 도전해보고 싶어 하는 아이템들이 여러 가지가 있는데, 그중에 한 가지가 바로 초콜릿 만들기다. 사실 초콜릿은 온도, 습도 등에 무척 예민해서 다루기가 상당히 까다롭다. 물론 슈퍼마켓에서 흔히 살 수 있는 '가짜 초콜릿' 말고 진짜 카카오가 들어간 '리얼 초콜릿'을 만들 때 해당하는 말이다. 하지만 이제 막 리얼 초콜릿의 세계에 입문하는 사람들을 위해 가장 쉽게 부담 없이 초콜릿 만드는 방법을 귀띔한다. 부디 밸런타인데이가 아니어도 일상 틈틈이 초콜릿을 즐겨주길.

초콜릿 클래스

달콤한 악마가 찾아왔다
초콜릿 스프레드
CHOCOLATE SPREAD

초콜릿의 주재료가 되는 '초콜릿 커버처'와 생크림을 적당히 잘 섞은 다음 굳히지 않고 그대로 두면 그것이 바로 '홈메이드 누텔라'다. 유리병 1개 분량 정도로 만들어 냉장 보관해 두었다가 버터 대신 토스트에 발라 먹으면 된다.

T 30 Minutes

L Easy

P ₩10,000~20,000

❶ 스테인리스볼에 초콜릿 커버처와 생크림을 1:1 분량으로 넣고 중탕 냄비에 올려 중탕한다.

❷ 유리병에 담아 냉장고에 넣어둔다.

❸ 구운 식빵에 잘 펴발라 먹는다.

TIP

초콜릿 커버처는 완제품 초콜릿이 되기 직전, 중간 가공 상태의 카카오 덩어리라 생각하면 된다.

R 병 1개분 : 초콜릿 커버처와 생크림 1:1 분량, 실리콘 주걱, 중탕 냄비, 스테인리스 볼, 유리병

집에서 만드는
초코파이

CHOCO PIE

초콜릿 커버처를 녹여 모양 틀에 넣고 굳히는 바(Bar) 모양의 초콜릿 말고, 초콜릿이 흐르는 모양을 부드럽게 살릴 수 있는 홈메이드 초코파이를 만들어보자. 머핀을 직접 구워 초콜릿을 입혀줘도 되지만, 번거롭다면 시중에 파는 머핀이나 빵을 둥글게 잘라 활용하면 된다.

T 1 Hour
L Middle
P ₩5,000~10,000

R 1회분 : 머핀 적당량, 초콜릿 커버처와 생크림 1:1 분량, 실리콘 주걱, 식힘망, 식용 금박, 스테인리스 볼, 중탕 냄비

1 스테인리스 볼에 초콜릿 커버처와 생크림을 1:1로 넣고 중탕냄비에 올려 중탕한다.

2 머핀은 위쪽을 평평하게 잘라내고 식힘망 위에 올려놓는다.
머핀은 시판되는 것을 사용해도 되고 직접 구울 경우에는 p.241 머핀 레시피를 참고한다.

3 머핀 위에 ①의 초콜릿을 부어주고 식힌다.

4 식용 금박을 조금 올려 장식한다.

TIP
초콜릿을 중탕할 때, 중탕 냄비 안의 물이 스테인리스 볼 안에 들어가지 않도록 주의한다.

쇼콜라티에가 만든 것 같은
생초콜릿
PAVE CHOCOLATE

초콜릿과 생크림을 섞어 굳힌 것을 '가나슈'라고 하는데, 가나슈를 벽돌 모양으로 자르고 코코아 파우더를 뿌린 것이 바로 생초콜릿이다. 딱딱한 일반 초콜릿과는 달리 촉촉하면서도 부드러운 식감이 살아 있어 언제 먹어도 맛있다. 다가오는 밸런타인데이엔 직접 만든 생초콜릿을!

T 1~2 Hours
L Middle
P ₩5,000~20,000

R 1회분 : 초콜릿 커버처와 생크림 1:1 분량, 실리콘 주걱, 칼, 코코아 파우더, 네모 틀

1 스테인리스 볼에 초콜릿 커버처와 생크림을 1:1 분량으로 넣고 중탕 냄비에 올려 중탕한다.

2 ①의 초콜릿을 네모난 틀에 붓고 냉장고에 넣는다.

3 1시간 정도 후 초콜릿을 꺼내 칼로 적당히 자른다. 자연스러운 모양을 원할 때는 손으로 살짝 조물거린다.

4 코코아 파우더를 뿌려 마무리한다.

TIP

생초콜릿은 온도와 습기에 민감하니 비닐백에 포장하는 것보다는 코코파우더를 뿌려 상자에 담는 것이 좋다.

CHAPTER 4

겨울의 어떤 날에

겨울에는 좀 더 계절의 느낌을 살려 플라워 데코를 해주는 것이 좋다. 늘 하는 생화 꽃꽂이 말고, 솔방울이나 목화를 이용해 이제까지와는 사뭇 다른 느낌을 연출해보자. 리스를 만들어 크리스마스 장식과 함께 꾸며주는 것도 좋겠다. 각 시절마다 새로운 재료로 일상을 꾸미는 습관을 들이면 우리 주변에 아름다운 것이 새삼 많다는 사실에 감동하게 된다.

겨울의 플라워 클래스

SUGAR CONE | LEAF WREATH | COTTON FLOWER WREATH

눈을 맞은 것 같은
설탕 솔방울
SUGAR CONE

개인적으로 무척 애정하는 자연 재료
가 두 가지 있는데, 하나가 도토리이고
다른 하나가 바로 솔방울이다. 특히 겨
울 데코에서는 솔방울을 빠뜨릴 수 없
다. 화분이나 꽃병 옆에 아무렇게나 놓
아두어도 예쁘고 크리스마스트리에 걸
어주어도 아주 잘 어울린다. 겨울 느낌
을 살려 눈을 흠뻑 맞은 것 같은 솔방
울을 연출해보는 건 어떨까. 소박한 듯
화려한 눈꽃을 만드는 키포인트는 바
로 설탕이다.

Ⓡ 5~6개분 : 솔방울 5~6개, 설탕, 슈거 파우더, 붓, 물 적당량

T 30 Minutes
L Middle
P ₩2,000~3,000

설탕 솔방울을 유리볼이나 케이크 스탠드에 가득 담아 테이블 위에 올려두면 파티 데코로도 손색이 없다. 주변에 설탕을 조금 더 흩뿌려주면 주변으로 눈이 쌓인 듯 멋스러운 연출을 할 수 있다. 보관은 한 달 정도 할 수 있다.

❶ 길가에 떨어진 솔방울을 잘 털어서 말려준다.
❷ 슈거 파우더를 물에 걸쭉하게 개어 붓으로 솔방울 끝에 묻혀준다.
❸ 설탕을 담은 볼에 솔방울을 넣고 굴린다.

─── TIP ───
솔방울을 깨끗이 씻어 물에 담가두었다가 집안 한 구석에 놓아두면 천연 가습기로 활용할 수 있다.

삭막한 겨울에 싱그러움을 더해줄
나뭇잎 리스
LEAF WREATH

꽃, 나뭇가지 등을 동그랗게 말아 만든 장식을 '리스'라고 한다. 우리나라에서는 크리스마스 리스가 가장 일반적인데, 사실 리스는 소재가 무궁무진하다. 계절마다 소재를 달리 해서 만들어주면 훌륭한 데코레이션 아이템이 된다. 이번 겨울에는 식상한 크리스마스 리스 대신 싱그러운 초록빛이 살아있는 나뭇잎 리스를 만들어 보자. 조화를 이용하면 처음인 사람도 부담 없이 리스를 만들어 볼 수 있다.

LEAF WREATH

R 1개분 : 푸른잎 나뭇가지(조화) 1대, 열매 나뭇가지(조화) 1대, 철사 적당량, 펜치, 리본

T 1 Hour
L Middle
P ₩25,000~35,000

리스는 벽이나 문에 거는 것이 일반적이다. 크기가 작은 리스는 문고리에 걸거나 테이블 위에 놓고 그 안에 양초를 놓아 데코하기도 한다. 벌레 퇴치 효과가 있는 유칼립투스로 리스를 만들어 집안에 걸어 두면 장식은 물론 실용적인 용도로도 쓸 수 있다.

❶ 푸른잎 나뭇가지의 큰 줄기를 자르면 대략 8개에서 10개 정도의 작은 가지로 나눌 수 있다.

❷ 가운데 줄기 부분을 적당히 구부리며 철사를 이용해 서로 묶어준다.

❸ 열매 나뭇가지도 철사를 이용해 중간중간 적당히 묶어준다.

❹ 동그란 리스 모양이 나오도록 계속 끝을 이어준다.

❺ 리스 모양이 완성되면 원하는 곳에 걸어 장식한다.

— TIP —
리스용 조화를 구입할 때는 나뭇가지가 자연스럽게 잘 구부러지는지 반드시 확인해야 한다.

참 따스한 겨울꽃
목화 리스
COTTON FLOWER WREATH

사계절 언제든 만들 수 있는 리스. 하지만 리스와 가장 잘 어울리는 계절은 아무래도 겨울인 것 같다. 나뭇잎 리스로 삭막한 실내에 싱그러움을 주었다면 이번에는 폭신하고 따스한 리스로 온기를 더해볼까? 하얀 목화 꽃송이를 방울방울 이어주면, 보기만 해도 가슴까지 푸근해지는 리스가 완성된다. 일반 꽃과는 달라 색다르기도 하고, 실제로 보면 생각보다 훨씬 사랑스럽고 고급스럽다. 이번 겨울은 리스 없이 지나가지 말기.

R 1개분 : 목화 가지 8~10대, 나뭇가지 리스, 가위, 글루건, 리본 적당량

목화는 가을, 겨울에만 나오는 귀한 꽃이다. 서울 강남 고속
버스터미널 꽃시장과 양재 꽃시장에서 구매 가능하고 요즘
은 일반 꽃집에서도 종종 판매한다. 가지 1대에 꽃송이가
5~6개 달려 있는데 가격은 보통 6,000~8,000원 선.

T 1 Hour

L Middle

P ₩50,000~100,000

① 목화 가지에서 목화 송이를 다 떼어낸 후 나뭇가지 리스에 글
루건으로 한 송이 한 송이 모양을 보며 붙여준다.

② 중간중간 사이가 빈 곳에 리본을 묶어주어 데코한다.

③ 원하는 곳에 걸어 장식한다.

―――― TIP ――――
일반 꽃집이나 인테리어
숍에서 판매하는 목화 리
스는 20만 원을 호가한다.

펠트가 주는 따스한 질감과 정서는 겨울과 참 잘 어울린다. 펠트로 핸드메이드
소품을 만들어보면 몇 천 원도 안 되는 저렴한 재료비로 이렇게 고급스러운 결과
물을 만들 수 있다는 것에 매번 놀라게 된다. 펠트 재료를 사러 동대문 시장에 갈
때마다 그 착한 가격과 다채로운 색감에 얼마나 즐거운지 모르겠다.

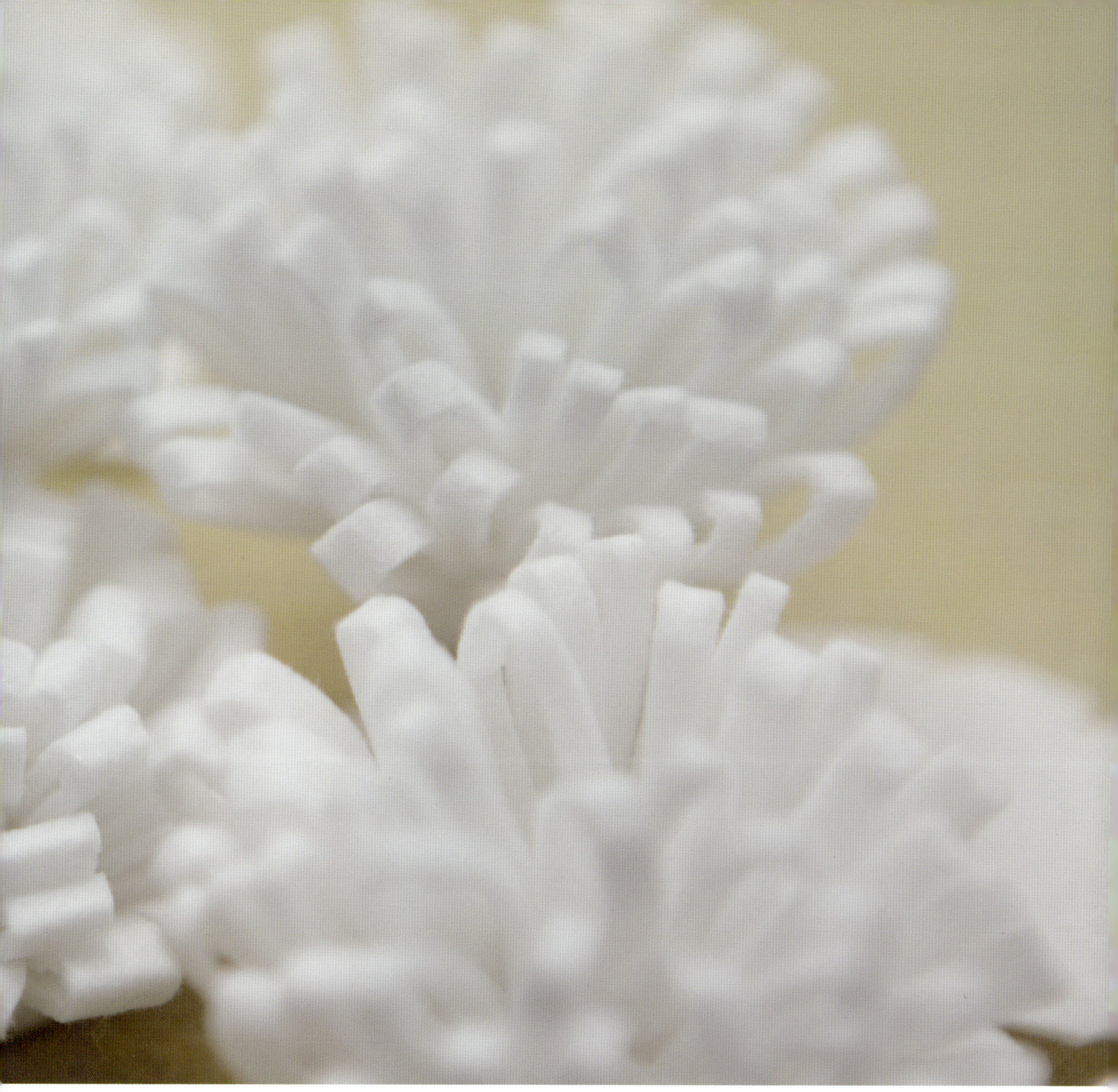

펠트 클래스

FELT GARLAND | TUMBLER WARMER | WINE BAG | FELT WREATH

톡톡한 두께감이 느껴지는
펠트 갈란드
FELT GARLAND

요즘 갈란드가 유행인데, 갈란드 역시 다양한 재료로 만들 수 있다. 색색깔의 종이로 갈란드를 만드는 것도 예쁘지만, 펠트로 갈란드를 만들면 심플하면서도 따스한 질감을 느낄 수 있어 세련미가 느껴진다. 아이들보다는 어른에게 더 어울리는 스타일이다.

ⓡ 펠트 갈런드(공통 재료) : 펠트 색깔별로 적당량, 실, 바늘, 가위, 아일렛 펀치, 마분지, 노끈 혹은 리본 적당량, 글루건

T 1 Hour
L Middle
P ₩1,000~5,000

갈란드는 천장에 여러 겹 치렁치렁 다는 것이 일반적이지만 꼭 천장에 매달 필요는 없다. 소파나 의자에 휙휙 둘러주어도 멋스럽다. 갈란드에 원하는 문구를 펜으로 써두면 좀 더 경쾌한 느낌을 즐길 수 있다.

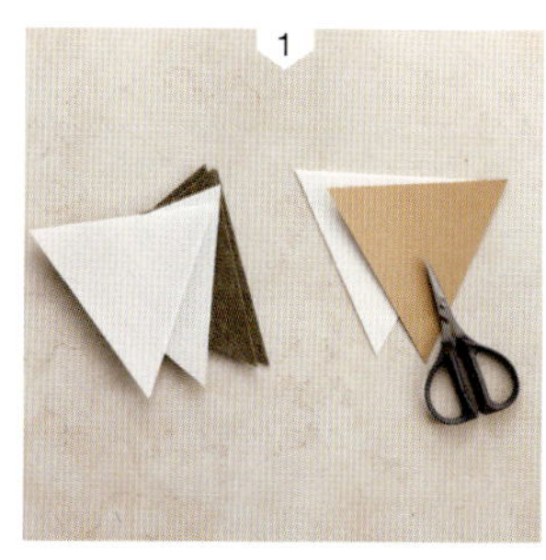

① 마분지를 세모로 자른 후 그 종이에 맞춰 펠트를 자른다.
② 아일렛 펀치로 구멍을 2개씩 뚫는다.
③ 노끈이나 실을 구멍에 넣어 연결한 후 원하는 곳에 장식한다.

연말연시 선물할 때 좋은
와인백
WINE BAG

펠트로 와인백을 만들고 그 안에 와인을 넣어 선물하면, 가격 대비 이보다 더 고급스러울 수 없다. 펠트는 두께에 따라 가격이 다른데, 얇은 것은 300원 선이며 두꺼워질수록 비싸진다. 일반 문구점에서도 쉽게 펠트를 구입할 수 있지만 좀 더 다양할 컬러를 원한다면 동대문 자재 시장을 추천한다.

T 30 Minutes
L Middle
P ₩1,000~3,000
R P.212

1 와인 길이에 맞게 펠트를 재단한다.
2 버튼홀 스티치로 사방을 박아준다.

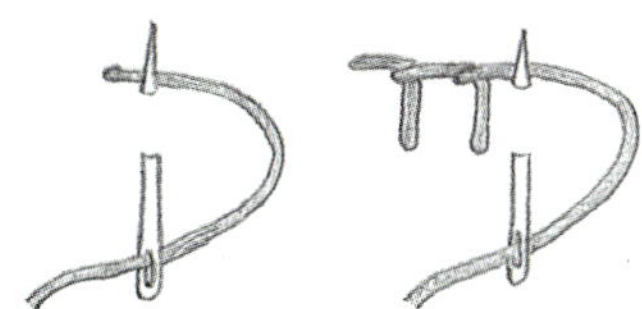

버튼홀 스티치 Buttonhole Stitch

펠트 2장을 잇거나 테두리를 정리할 때 활용하면 좋은 바느질 방법이다. 펠트 2장을 맞대고 뒤쪽에 있는 실을 앞으로 가져와 당기면서 바느질을 해주면 된다.

내 손안의 기분 좋은
텀블러 워머
TUMBLER WARMER

테이크아웃 커피 컵에 끼워주는 종이 워머를 버릴 때마다 왠지 모르게 죄책감이 든다. '자꾸 쓰레기를 만들지 말아야지' 하는 생각을 커피 마실 때마다 하게 되어서 펠트로 텀블러 워머를 만들어보았다. 지인들에게 선물했더니 인기 폭발이다.

- **T** 1 Hour
- **L** Middle
- **P** ₩1,000~3,000
- **R** P.212

1. 우선 펠트를 텀블러 높이에 맞추어 자른다. 가로는 텀블러를 넉넉히 빙 두를 수 있는 길이로 맞추어 자른다.
2. 자른 펠트를 텀블러에 두르고, 시침핀으로 고정시킨 후 여분은 잘라준다.
3. 펠트의 양끝을 버튼홀 스티치(p.215)로 이어주고, 네임태그를 넣을 사각형 틀을 펠트로 만들어 본드로 붙여준다. 단추를 달아 장식해도 멋스럽다.

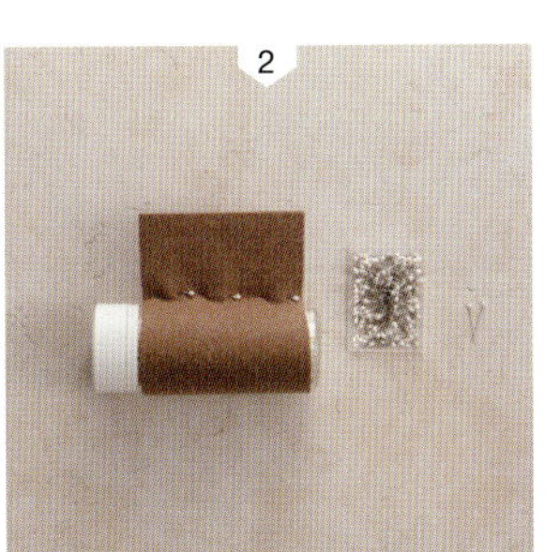

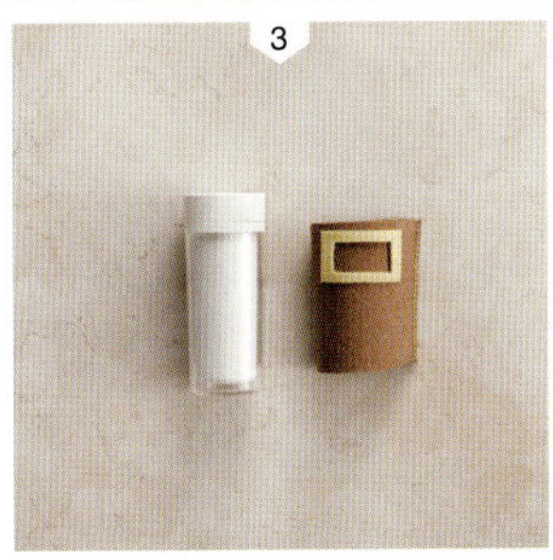

TIP
펠트는 두께가 다양하므로 자기가 쓸 용도에 맞게 두께를 선택한다. 텀블러 워머는 살짝 두꺼운 것이 좋다.

액자처럼 걸 수 있는
펠트 리스
FELT WREATH

펠트로 리스를 만들면 꽃이나 식물로 만드는 것과는 또 다른 느낌을 연출할 수 있다. 이번에는 동그란 모양에서 조금 벗어나 네모난 모양으로 리스 만드는 법을 소개한다. 꽃 모양을 다양하게 만들어 네모판에 붙여주는 것인데 액자처럼 벽에 걸어도 되고 갈란드처럼 대롱대롱 매달아도 좋다.

- T 1~2 Hours
- L Middle
- P ₩10,000~30,000
- R P.212

❶ 펠트를 동그랗게 자른 후 여러 겹 겹쳐놓고 가운데를 바느질해 꽃 모양을 만든다. 또 다른 펠트를 직사각형으로 자른 후 나뭇잎 모양이나 길쭉한 모양으로 자르고 바느질로 꽃과 함께 겹쳐준다.

❷ 펠트를 길게 잘라 반을 접고 한쪽만 시침질 한 다음 가위로 반대쪽은 잘게 잘라준다. 이것을 도로록 말고 한 땀을 떠 고정하면 태슬 모양이 완성된다.

❸ 펠트를 길게 잘라 한쪽만 시침질 한 후 실의 끝을 잡아 당기면 자연스럽게 주름이 생기면서 꽃 모양이 만들어진다. 마지막에 바느질로 고정한다.

❹ 글루건을 이용해 네모난 펠트 위에 1, 2, 3을 붙여 장식한다.

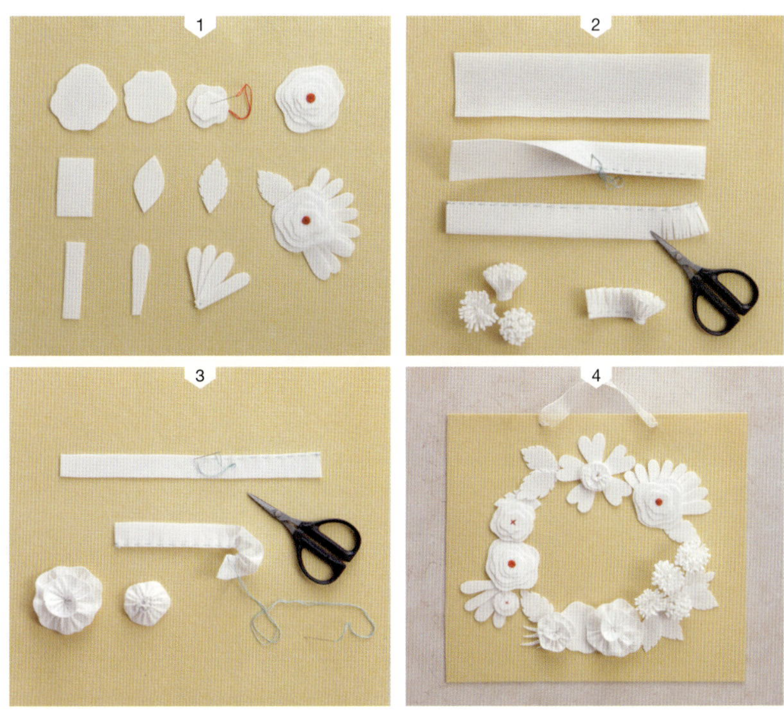

카드 클래스

GLITTER CARD | BUTTON CARD | POP UP CARD

어린 시절, 밤을 새워 크리스마스카드 만들던 때를 기억하는지. 카드도, 엽서도, 편지도 편리한 이메일로 대신할 수 있는 세상이 된 지 벌써 한참인데 아직도 문득문득 삐뚤빼뚤한 손글씨가 그리운 건 왜일까. 이번 연말연시에는 다들 고마웠던 분들에게 카드 한 장쯤은 꼭 보냈으면 좋겠다. 가능하면 이메일보다는 손글씨로, 기왕이면 사서 쓰는 카드보다는 직접 만든 카드로. 만듦새는 좀 어설플지 몰라도 핸드메이드 카드가 전하는 정서는 다른 걸로 대체하기 힘들다. 그리고… 사실은 받는 사람보다 만드는 사람이 더 즐겁다.

눈 내리는 겨울 하늘을 담아
글리터 카드
GLITTER CARD

어른이든 아이든 크리스마스를 기다리
는 것은 '공식적으로' 선물을 받는 날
이기 때문 아닐까. 그래서 '크리스마스'
라는 단어에는 왠지 모를 설렘이 배어
있다. 이건 아마 어린 시절부터 학습된
습관인지도 모르겠다. 핸드메이드 크리
스마스카드를 만들 때는 반짝이 가루
를 이용해보자. 크리스마스의 두근거리
는 느낌과 눈이 내리는 겨울의 포근한
분위기를 손쉽게 카드 안에 담을 수 있
다. 그리고 반짝이는 것은 무엇이든 예
쁘기 때문에 좀 못나게 만들어도 그리
타가 나지 않는다.

GLITTER CARD

T 40 Minutes
L Middle
P ₩1,000~2,000

종이 1장으로 글리터 카드를 만들어도 되지만, 종이 2장을 겹쳐주면 좀 더 입체적인 느낌의 카드를 만들 수 있다. 반짝이 가루를 붙일 때는 일반 풀보다는 목공용 풀을 이용하는 것이 좋다. 반짝이가 깔끔하게 잘 달라붙는다.

① 흰 종이를 원하는 카드 사이즈로 자르고 반으로 접은 후 눈사람, 트리 등 밑그림을 그린다.

② 칼로 그림의 바깥 선을 따라 자르면 종이 중간에 공간이 만들어진다. 이때 그림이 완전히 떨어지면 안 되므로, 그림의 아래쪽 부분은 잘라내지 않는다.

③ 눈사람이나 나무 등 포인트를 주고 싶은 부분에 목공용 풀을 바르고 반짝이 가루를 뿌려준다.

④ 검은색 종이를 ①의 카드 사이즈와 똑같이 자르고 반으로 접는다.

⑤ 뾰족한 막대기에 목공용 풀을 묻히고 반짝이 가루를 찍어 검은색 종이 위에 묻혀주면 눈이 내리는 분위기를 낼 수 있다.

⑥ 흰색 카드와 검은색 카드를 합쳐준다.

TIP

반짝이 가루, 글리터, 스파클링 더스트는 모두 같은 뜻이다. 문구점에서 구입 가능하다.

빈티지한 느낌이 묻어나는
단추 카드
BUTTON CARD

단추는 여기저기 데코 장식을 하면 참 예쁜 아이템인데 카드를 만들기에도 아주 좋다. 그림처럼 붙여 연출해도 좋고, 그것이 어렵다면 그냥 네모지게 테두리를 만들어 붙여도 예쁘다. 그냥 다닥 다닥 붙여도 빈티지한 멋이 있다. 짝을 잃어버린 단추들을 모아 활용해보자.

T 40 Minutes

L Middle

P ₩1,000~3,000

R P.224

① 카드용 종이를 준비하고 반으로 접는다.

② 종이를 천이라 생각하고 실과 바늘로 단추를 여러 개 달아준다.

③ 단추 아래쪽에 홈질로 길게 꽃줄기를 수놓은 후 리본을 만들어 마무리하면 부케 모양이 된다. 테두리는 버튼홀 스티치(p.241)로 장식한다.

④ 다른 카드 종이를 준비하고, 윗면에 크게 원하는 문구를 쓴다. 펜 대신 반짝이 매니큐어를 사용해도 좋다.

⑤ 카드 테두리에 글루건으로 단추를 붙여 장식한다. 듬성듬성 붙여줘도 좋고, 빼곡하게 다 채워줘도 좋다.

—— TIP ——
버튼홀 스티치는 어설프게 해도 그 자체로 빈티지한 느낌이 있으니 자신감을 갖고 해보자.

Love
Your
I hope
Noël

종이 안에서 피어나는
입체꽃 카드
POP UP CARD

어린 시절 입체 카드를 보고 너무 예뻐서 깜짝 놀랐던 경험, 아마 누구나 다 있을 것이다. 그런데 입체 카드를 만드는 것이 생각보다 어렵지 않다는 걸 알게 되면 더 깜짝 놀라지 않을까? 감사의 코멘트를 써서 장식할 수 있는 독특한 입체꽃 카드를 만들어보자.

T 50 Minutes

L Middle

P ₩500~1,000

R P.224

① 흰 종이로 4×4cm의 정사각형 종이를 7개 만든다.

② 흰 종이를 4등분으로 접은 후 대각선으로 한 번 더 접어 세모꼴을 만든다.

③ 컴퍼스를 이용해 세모꼴 위에 반원을 그리고 테두리를 가위로 잘라준다.

④ ③을 펴면 8개의 삼각뿔 모양이 나오는데, 그중 삼각뿔 하나를 잘라준다.

⑤ 양면 테이프를 이용해 ④의 양 끝을 붙이면 꽃 모양이 만들어진다. 이것을 총 7개 만든다.

⑥ 꽃 모양 종이를 중앙에 하나 두고, 각 면에 다른 꽃 모양 종이를 하나씩 붙인다.

⑦ 입체꽃이 완성되면, 검은색 종이를 반으로 접어 중앙에 붙여준다.

⑧ 꽃잎 안쪽에 원하는 문구를 써서 장식한다.

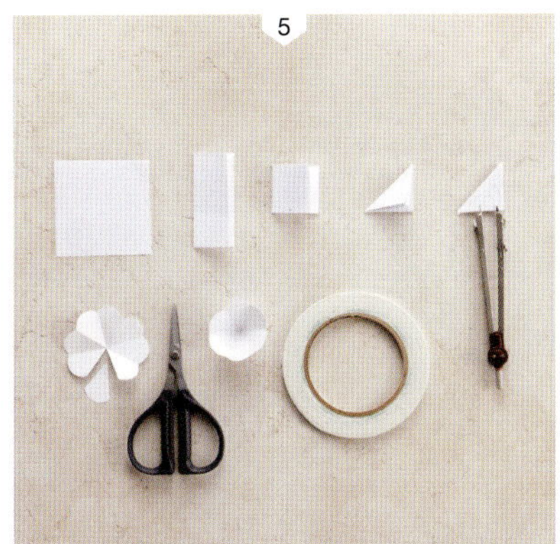

아홉 살 때 엄마를 위한 미역국을 시작으로(미역이 불어 넘쳐 부엌이 물 반, 미역 반으로 끝난 암울한 이벤트였지만) 꽤나 여러 가지 도전을 하며 한 시대를 살았던 나로서는, 아직도 베이킹을 시작해볼까 말까 망설이고 있는 사람들에게 "일단 빨리 저질러 보라"고 권하고 싶다. 결과물이 엉망일지라도 받는 사람은 아마 당신의 사랑과 노력을 백 배 이해할 테니까. 그리고 해보면 알겠지만, 베이킹은 먹을 때보다 만들 때가 더 달콤하다.

WINTER DAY 4
베이킹 클래스
FONDANT CAKE | MARSHMALLOW | ROYAL ICING COOKIE | CUP CAKE

단아하고 아름다운
폰단트 케이크
FONDANT CAKE

특별한 이벤트가 있을 때 평범한 케이크 대신 폰단트 케이크를 준비하면 한층 차별화된 분위기를 만끽할 수 있다. '폰단트'란 설탕을 녹여 만드는 반죽을 말하는데, 이 폰단트를 활용해 케이크를 장식하면 일반적인 생크림 케이크와는 확연히 다른 아름다운 비주얼이 완성된다.

폰단트는 설탕 공예(슈거 크래프트)의 한 영역이어서, 먹기 위함이 아닌 장식용으로 만드는 경우도 많다. 요즘 아이들에게 인기 있는 바비 인형 케이크도 폰단트 케이크의 한 종류. 폰단트 케이크는 상당히 전문적인 영역이긴 하지만, 작은 데이지로 장식하는 폰단트 케이크라면 초보자도 무난하게 따라할 수 있다.

FONDANT CAKE

R 4인분 : 케이크 시트 혹은 스티로폼 틀, 폰던트 1덩어리, 식용 진주, 슈거볼돌, 밀대, 작은 꽃 모양 커터, 피자 커터, 노란색 식용 색소

🅣 1~2 Hours
🅛 Little High
🅟 ₩15,000~30,000

폰단트 케이크는 특히 결혼 예식 케이크로 인기가 높다. 케이크 시트에 입자가 고운 폰단트를 덮으면 내부는 공기가 통하지 않는 밀봉 상태가 되기 때문에 오래 두어도 상하지 않는다. 그래서 외국에서는 결혼식 때 쓴 폰단트 케이크를 1년 후 첫 번째 결혼기념일에 개봉해 먹기도 한다.

❶ 폰단트와 케이크 시트(p.241 머핀 레시피 참고)를 준비한다. 장식용은 스티로폼 틀을 준비한다.

❷ 폰단트에 노란색 식용 색소를 1~2방울 넣어 반죽한다.

❸ 밀대로 폰단트 반죽을 두께 0.8~1cm, 지름은 케이크 시트의 2배 정도로 밀어준다.

❹ 케이크 시트(혹은 스티로폼 틀)에 ③을 덮고 손으로 꼭꼭 눌러 밀착시킨다. 남는 부분은 피자 커터로 잘라낸다.

❺ 색소를 넣지 않은 하얀 폰단트를 밀대로 두께 1~2mm 정도로 얇게 밀어주고, 꽃 모양의 커터기로 꾹꾹 찍어준다.

❻ ⑤의 꽃잎 끝 부분을 슈거볼툴로 살살 문질러 펴주면 꽃잎이 봉긋하니 예뻐진다.

❼ 꽃 중심에 식용 진주를 꽂아주면 완성. ④에 꽃을 여러 개 붙여 장식한다. 물을 묻히면 쉽게 꽃이 붙는다.

❽ 컵케이크도 같은 방법으로 장식한다.

TIP

폰단트는 직접 만들어도 되지만, 시중에 판매하는 제품을 구입하는 게 편리하다. 베이킹 숍에서 구입 가능.

쫄깃쫄깃 달콤한
마시멜로
MARSHMALLOW

늘 사먹기만 했던 마시멜로. 하지만 홈메이드로도 얼마든지 만들 수 있다. 오히려 집에서 만들면 쫄깃한 식감과 달콤한 맛을 더욱 잘 살릴 수 있다. 원하는 대로 숭덩숭덩 썰어 유산지에 싸서 건네면 그것 자체로도 풍성한 선물이 된다.

T 1~2 Hours
L Middle
P ₩5,000~6,000

R 4인분
A : 젤라틴 21g, 물 106g
B : 물 170g, 설탕 283g, 옥수수 시럽 227g
C : 바닐라액 1티스푼, 스트로베리 파우더 14g
그 외 : 믹싱볼, 냄비, 온도계, 핸드믹서, 짤주머니(파이핑백), 슈거 파우더, 계량도구

1. 믹싱볼에 A를 넣고 잘 섞어둔다.
2. 냄비에 B를 넣고 중불에서 끓인다.
3. ②가 115℃가 될 때까지 끓여준다. 115℃가 되면 ①의 믹싱볼에 넣고 핸드믹서를 빨리 돌려 섞는다.
4. 핸드믹서를 계속 돌리다보면 흰색이 나타나기 시작하는데, 이때 C를 넣어준다.
5. 점도를 확인하며 핸드믹서를 계속 돌려준다. 엿가락처럼 끈적끈적해지면 짤주머니에 담아 원하는 모양으로 짜주고 슈거 파우더를 뿌린다.
6. 1시간 정도 지난 후 먹으면 된다. 네모난 틀에 담아두었다가 큐브 모양으로 두껍게 썰어 먹어도 된다.

TIP
베이킹의 기본은 정확한 계량이다. 눈대중, 손대중으로 하지 말고 반드시 계량도구를 이용하도록 한다.

Merry

크리스마스에는 꼭

로열 아이싱 쿠키

ROYAL ICING COOKIE

아이싱 쿠키는 크리스마스 시즌에 딱 어울린다. 성탄절이 다가올 즈음, 상자에 아이싱 쿠키를 가득 담아 지인에게 선물해보자. 잘 만들지 못했어도, 주는 이는 주는 이대로, 받는 이는 받는 이대로 어린아이처럼 설렌다. 트리, 눈꽃 등 시즌에 어울리는 모양의 커터를 준비하는 것이 키포인트.

T 1~2 Hours
L Middle
P ₩5,000~6,000

R **큰 쿠키 12~15개 분량**
쿠키 : 밀가루 5컵(250㎖ 컵 기준), 버터 430g, 설탕 1.5컵(250㎖ 컵 기준), 달걀 1개, 바닐라액 1티스푼
아이싱 : 슈거 파우더 230g, 달걀 흰자 1개분, 레몬즙 약간, 원하는 컬러의 식용 색소
그외 : 체, 믹싱볼, 밀대, 짤주머니, 식용 진주

쿠키 만들기

❶ 상온에서 1시간쯤 놔둔 버터에 설탕을 섞고 달걀을 넣어 섞는다.

❷ 완전히 섞이면 밀가루와 바닐라액을 넣고 반죽한다.

❸ 반죽을 밀대로 밀고 원하는 모양의 커터로 찍어 떼낸다.

❹ 170℃로 예열된 오븐에 넣고 20분간 굽는다.

아이싱 만들기

❶ 달걀 1개를 흰자만 따로 분리한다.

❷ 슈거 파우더를 체를 쳐서 흰자 위에 뿌린다.

❸ ②를 충분히 섞고, 흐를 정도가 되도록 레몬즙을 넣는다.

❹ 준비한 식용 색소를 넣어 3에 넣어 원하는 컬러의 아이싱을 만든다.

❺ 각 컬러의 아이싱을 짤주머니에 넣고 쿠키 위에 원하는 그림을 그린다. 글자를 쓰거나 식용 진주로 장식해 주어도 좋다.

TIP
쿠키 반죽을 냉장고에 30분 정도 뒀다가 꺼낸 후 얇게 펴고 커터로 찍으면 모양이 더 잘 나온다.

부드러운 버터 크림이 올라간
컵케이크
CUP CAKE

컵케이크는 만들기가 까다롭지 않고 만족감도 크니 꼭 만들어보자. 컵케이크를 잘 만들려면 다음의 세 가지만 기억하면 된다. 첫째, 좋은 레시피를 확보할 것. 둘째 레시피에서 하라는 대로 정확히 할 것. 셋째, 오븐을 충분히 예열하고, 오븐을 사용하기 20분 전에는 오븐을 열지 말 것.

T 1~2 Hours
L Middle
P ₩5,000~6,000

R 컵케이크 24개 분량

머핀 : 버터 360g, 설탕 390g, 소금 4g, 달걀 225g, 밀가루(박력분) 450g, 베이킹 파우더 18g, 바닐라액 8g, 우유 430g

버터 크림 : 버터 250g, 쇼트닝 125g, 슈거 파우더 625g, 레몬즙 10g, 바닐라액 4g, 물 30g

그 외 : 믹싱볼, 핸드믹서나 거품기, 체, 짤주머니, 유산지, 머핀 틀, 식용 진주

머핀 만들기

❶ 핸드믹서로 버터와 설탕, 소금을 섞어준다.

❷ 달걀을 넣고 다 섞일 때까지 저어준다.

❸ 체를 쳐둔 밀가루와 베이킹 파우더를 한 번에 넣고 섞어준다.

❹ ③이 한 덩어리로 잘 섞이면 우유와 바닐라액을 넣고 섞어준다.

❺ ④가 고루 섞이면 짤주머니에 넣는다.

❻ 유산지를 깔아 놓은 머핀 틀에 ⑤가 3/4이 찰 때까지 넣고, 170℃로 예열해 놓은 오븐에서 40분 정도 굽는다.

버터 크림 만들기

❶ 믹싱볼에 버터와 쇼트닝을 넣고 핸드믹서로 잘 풀어준다.

❷ 슈거 파우더 등 나머지 재료들을 차례차례 넣고 잘 섞어준다.

❸ 짤주머니에 ②를 넣고 머핀 위에 예쁘게 짜준 후 식용 진주로 장식한다.

— TIP —
핸드믹서가 없으면, 버터를 상온에 1시간 정도 뒀다가 부드러워지면 재료를 넣고 손으로 저어준다.

마이 스페이스 클래스

SNOW BALL | LUXURIOUS FRAME & JEWELRY FRAME | TRAY HANGER | GLASS CANDLESTICK

나만의 공간을 꾸미는 일. 거창하게 들리지만 사실 해보면 어렵지 않다. 나의 손길이 담긴 소품, 혹은 나에게 의미가 있는 물건 한두 개를 올려두는 것만으로도 나만의 성역이 완성된다. 나만의 공간이란 것이 거창할 필요는 없다. 의자 옆 작은 모서리일 수도 있고, 빈 벽일 수도 있고, 침대 옆의 스툴 위일 수도 있고… 손바닥만큼 작은 공간도 내가 의미를 부여하면 나만의 특별한 공간이 된다.

추억 속에 눈이 내리네
스노볼
SNOW BALL

어렸을 적에 스노볼을 무척이나 좋아했다. 흔들어주면 작은 공 안에서
화르륵 눈이 내렸다. 기억하고 싶은 특별한 시간을 스노볼로 만들어보
자. 어릴 적에 좋아했던 인형도 좋고, 여행 갔다 사온 작은 기념품도 좋
다. 작은 병 하나하나에 소중했던 기억들을 보관해 보자.

SNOW BALL

Ⓡ 1개분 : 유리병 1개, 물과 글리세린 1:1 분량, 반짝이 가루, 기념할 물건, 작은 돌 조금, 글루건

크기별로 다양한 유리병을 준비해 스노볼을 만들어 데코해
보자. 유리병은 안에 들어가는 기념품보다 30% 정도 큰 것
을 준비해야 반짝이가 눈처럼 흩날리는 것이 잘 보인다.

- ⏱ 40 Minutes
- 🅛 Middle
- 🅟 ₩5,000~6,000

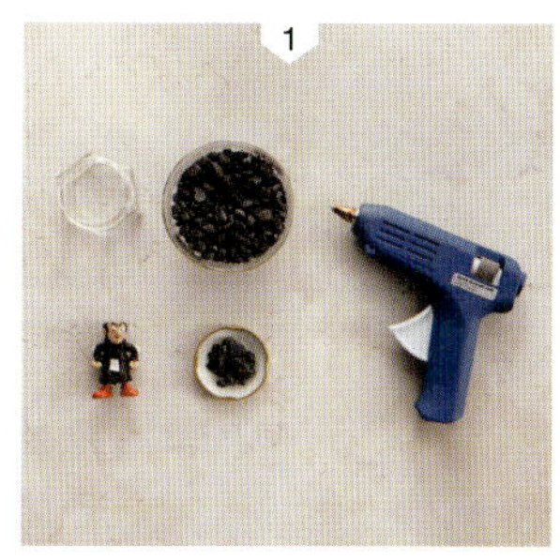

① 글루건을 이용해 유리병 뚜껑에 작은 돌들을 살짝 볼록하게 붙
여준다.
② 유리병 뚜껑 위 돌에 기념할 물건을 붙인다. 마찬가지로 글루건
을 이용한다.
③ 유리병 안에 물과 글리세린을 1:1로 넣어주고 반짝이 가루를 조
금 넣는다.
④ 유리병 뚜껑을 닫아주고 거꾸로 세워 원하는 곳에 둔다.

— TIP —
유리병 뚜껑에 돌을 붙여
받침대를 만들어주어야 완
성품을 거꾸로 세웠을 때
내부의 기념품이 잘 보인다.

프레임을 바꾸는 기쁨

고급 액자 & 보석 액자

LUXURIOUS FRAME & JEWELRY FRAME

프레임을 바꾸는 일은 할수록 중독성이 있다. 천원숍에서 파는 싸구려 액자를 사다가 몰드만 바꿔주면 외국 저택의 벽을 연상케 하는 고급 액자가 뚝딱. 혹은 촌스러운 액자에 인조 진주와 큐빅을 빼곡하게 붙여주면 이보다 더 우아할 수가 없는 보석 액자가 뚝딱. 우리가 세상을 바라보는 프레임도 이렇게 손쉽게 바꿀 수 있다면 얼마나 좋을까.

LUXURIOUS FRAME & JEWELRY FRAME

Ⓡ 2개분 : 저렴한 액자 2개, 원하는 데코 몰드, 목공용 풀, 붓, 자, 45° 절단기, 톱, 인조 진주와 큐빅 적당량, 글루건

'45° 절단기'는 말 그대로 나무를 45°로 자르게 도와주는 도구다. 가격은 톱 포함해서 20,000~100,000원 선. 공구상이나 인터넷에서 구입 가능하다. 한 번 구입해두면 오래도록 쓸 수 있고 가격 대비 활용도가 쏠쏠하니 하나쯤 장만해두는 걸 추천한다.

- **T** 1~2 Hours
- **L** Middle
- **P** ₩3,000~30,000

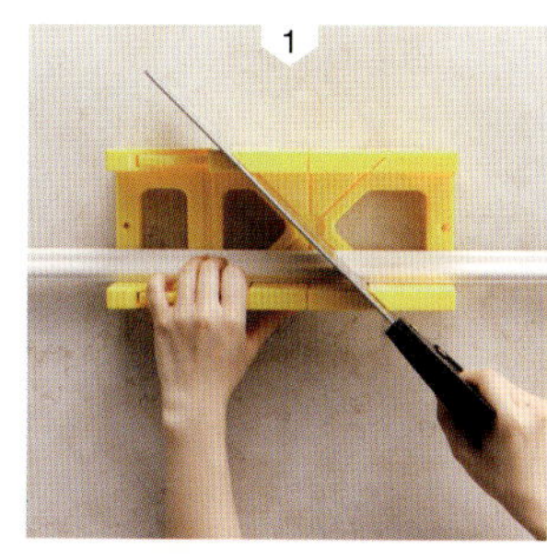

❶ 프레임을 바꿀 액자의 길이에 맞추어 데코 몰드를 자른다. 이때 모서리를 45°로 자르는 것이 중요하다. 45° 절단기를 활용하면 편리하다.

❷ 자른 데코 몰드의 모서리를 맞추어 목공용 풀로 액자에 붙인다.

❸ 보석 액자를 만들기 위해 또 다른 액자를 준비한다. 글루건을 이용해 인조 진주와 큐빅을 가득 붙인다.

핸드메이드의 매력

트레이 옷걸이

TRAY HANGER

트레이를 옷걸이로도 변신시킬 수 있다는 사실. 천원숍이나 마트에서 파는 저렴한 나무 트레이를 사다가 조금만 손을 써주고 금칠을 해주면 아주 고급스러운 옷걸이를 만들 수 있다. 저렴한 걸 고급스러워 보이게 만드는 것이 바로 핸드메이드의 매력이다.

T 40 Minutes

L Middle

P ₩10,000~40,000

❶ 저렴한 나무 트레이를 준비한다.

❷ 트레이의 옆면에 금칠을 해준다.

❸ 철제 옷걸이나 손잡이에 금칠을 한 후 말리고, 트레이에 못과 망치로 박아준다.

❹ 완성된 옷걸이를 못과 망치로 벽에 걸어준다.

TIP

방산시장이나 철제 장식 전문점에 가면 다양한 옷걸이, 손잡이를 구입할 수 있다.

R 1개분 : 나무 트레이 1개, 철제 옷걸이나 손잡이 2~3개, 금색 물감, 붓, 못과 망치

로맨틱한 무드의
유리병 촛대
GLASS CANDLESTICK

빈 유리병의 또 다른 변신. 유리병에 소금을 채우고 금실, 은실로 장식하면 연말 분위기와 너무 잘 어울리는 촛대가 완성된다. 트리 모양으로 그림을 그려도 좋고 그냥 둘둘 감아 시크하게 연출해도 좋다. 자신만의 아이디어를 마음껏 발휘해보자.

T 40 Minutes

L Middle

P ₩5,000~10,000

① 준비한 유리병 안에 A4 용지를 넣고 유리병 크기를 체크한다.

② A4 용지를 꺼내고 그 위에 그림을 그린다. 트리, 직선 등 단순한 그림이면 충분하다. 이때 ①에서 재단한 유리병 크기 내에서 그림을 그리는 것이 포인트.

③ 그림을 그린 A4 용지를 다시 유리병 안에 넣는다.

④ 그림이 그려진 모양을 따라 유리병 표면에 목공용 풀을 바른다.

⑤ 금실과 은실을 잘라 그림에 맞게 적당히 붙인다.

⑥ 그림에 실을 다 붙였으면 A4 용지를 뺀 다음 유리병에 깔때기를 놓고 소금을 부은 후 초를 꽂는다.

— TIP —
금실, 은실이 없다며 그냥 하얀 실이나 집에 있는 색실을 사용해도 된다.

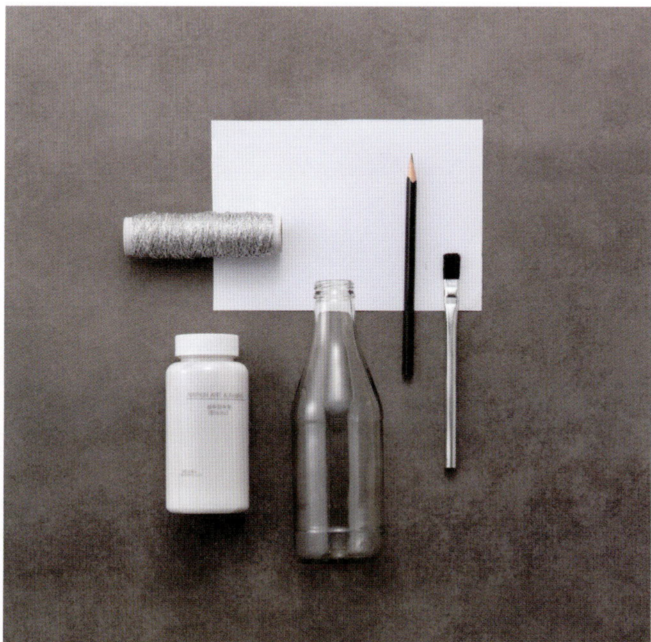

R 1개분 : 빈 유리병 1개, A4 용지 1장, 연필, 목공용 풀, 금실과 은실(혹은 색실), 깔때기, 소금 적당량

글루건

부피가 있거나 무게가 나가는 재료를 붙이는 접착 도구. 구비해 두면 다양한 용품들을 제작하는 데 활용할 수 있으니 핸드메이드 취미 생활 시 필수. 전원에 연결해 쓰는데, 온도가 180℃ 이상 올라가다 보니 부주의하게 다루면 화상 사고가 발생할 수 있다. 특히 아이가 곁에 있을 땐 주의할 것. 가격은 3,000~5,000원 선. 글루건에 넣는 글루건 심은 500~1,000원 정도면 구입할 수 있다. 문구점, 화방, 서울 강남 고속버스터미널 재료상, 인터넷 등에서 구입 가능.

글리세린

피부 보습제로 비누, 화장품 등을 만들 때 첨가한다. 인터넷, 천연 화장품 재료 전문점 등에서 구입 가능. 1,000~5,000원 선.

데코 타일용 시멘트

타일을 붙일 때 압착용으로 바르는 시멘트. 타일 가게에서 구입 가능. 1봉지에 2,000원 선. 한 번 사면 꽤 많은 양을 쓸 수 있다.

디퓨저 베이스

디퓨저를 만들 때 꼭 필요한 용액. 원액이 천천히 날아가도록 도와준다. 인터넷, 방산시장, 화장품 및 양초 재료 전문점에서 구매 가능. 3,000~10,000원 선.

라벨기

네임 앰바서라고도 하는데, 네임 태그를 만들거나 포장을 할 때 특히 유용하다. 한때 유행했던 '다이모'가 바로 이것. 문구점이나 인터넷에서 구입한다. 가격은 라벨기와 라벨지 포함 10,000원에서 100,000원까지 다양하다.

마드파지

냅킨 아트에서 주로 사용하는 접착제다. 가격은 소분해서 파는 것 기준으로 1,000~2,000원 선. 인터넷, 냅킨 아트 전문숍에서 구입 가능.

매트바니시

무광 코팅제. 바르고자 하는 면을 마른 수건으로 잘 닦아준 후 발라준다. 가격은 소분해서 파는 것 기준으로 3,000~10,000원 선. 인터넷과 화방에서 구입 가능.

목공용 풀

나무, 종이를 붙이는 데 주로 사용하는 접착제. 반짝이를 붙일 때도 사용 가능하다. 본래는 흰색을 띠지만 마른 후에는 투명한 색이 된다. 문구점이나 벽지 판매점에서 구입 가능. 1,500원 선.

수용성 페인트

아크릴 물감과 비슷하지만 상대적으로 가격이 저렴하고, 컬러를 섞어 쓸 수 있어 좀 더 다양한 색을 낼 수 있다. 페인트 가게에서 구입 가능. 개당 5,000~20,000원 선.

아일렛 펀치

천이나 종이에 구멍을 뚫는 동시에 아일렛(일종의 구멍 마감제)을 끼워주는 기구. 끈을 거는 구멍을 만들 때 활용한다. 문구점, 패브릭 자재 전문점, 인터넷 등에서 구입 가능. 아일렛 펀치 10,000원 선. 아일렛 3,000~4,000원 선.

알루미늄 테이프

은박 테이프라고도 한다. 문구점, 마트, 주방기기 파는 곳, 철물점에서 구입할 수 있다. 1,000~3,000원 선.

에폭시

흔히 알고 있는 순간접착제의 업그레이드 버전이라 생각하면 된다. 접착력이 강력해 그야말로 무엇이든 다 붙는다. 두 가지 액체를 섞어 사용하는데, 섞기 전에는 접착 효과가 없으니 안심해도 된다. 종류에 따라 접착제가 굳는 시간을 조절할 수 있으며 글루건 대신 사용해도 무방하다. 3,000~10,000원 선. 문구점, 화방, 강남 고속버스터미널 재료상, 인터넷 등에서 구입 가능.

엡솜솔트

입욕제를 만들 때 쓰이는 소금. 인터넷, 방산시장, 천연 화장품 재료 전문점에서 구입 가능하다. 가격은 500g 기준 5,000원부터 20,000원까지 다양한다.

올리브 리퀴드

오일과 물이 잘 섞이도록 도와주는 유화제. 클렌징 오일 등 화장품을 만들 때 많이 사용한다. 인터넷, 방산시장, 화장품 재료 전문점에서 구입 가능. 가격은 50mℓ에 2,000~3,000원 선.

중조

베이킹파우더의 주 원료가 되는 탄산수소나트륨. 약국, 화장품 재료 전문점 등에서 구입 가능. 1kg에 5000원 선.

패브릭용 물감

패브릭에 칠한 후 건조하면 세탁을 해도 물이 빠지지 않는다. 문구점, 화방, 인터넷에서 구매 가능하다. 개당 2,000~5,000원 선.

플로럴 폼

꽃을 꽂을 수 있는 특수 재질의 스티로폼. 원형, 사각형 등 다양한 형태와 크기가 있다. 한 번 사용한 플로럴 폼은 재사용할 수 없다. 꽃집, 원예점에서 구입 가능. 1,000~3,000원 선. 저렴한 것일수록 물 흡수량이 적고 꽃이 오래가지 못하는 단점이 있다.

I N D E X

어떤 날에
원데이 클래스

초판 1쇄　2015년 1월 5일

지은이　최정화

발행인　노재현
편집장　이정아
책임편집　손영미
디자인　권오경 김아름
조판　김미연
마케팅　김동현 김용호 이진규
제작　김훈일
사진　Ao Studio 강진주
　　　　어시스트 이명배

인쇄　성전기획
펴낸 곳　중앙북스(주)
등록　2007년 2월 13일 제2-4561호
주소　(100-814) 서울시 중구 서소문로 100(서소문동) J빌딩 3층

구입문의　(02) 2031-1303
내용문의　(02) 2031-1366
팩스　(02) 2031-1399
홈페이지　www.joongangbooks.co.kr

ByungChan
TaeHwan

Choe Jung Hwa
Designer
New Y
Se